Bernstein
suchen und finden

Carsten Gröhn

Bernstein
suchen und finden

WACHHOLTZ
MURMANN PUBLISHERS

Abbildungsverzeichnis

© Shutterstock/Aleksandrs Samuilovs: Titelbild
© Diebel, G.: Zeichnung des Bernsteinwaldes
© Hoffeins, C.: Spülsaum am Strand von Jantarny
© Kurverwaltung Baltrum: Luftaufnahme von Baltrum
© Diebel, G.: Zeichnung der Harzflussformen
© Kobbert, M.: Brennender Bernstein, aus „Bernstein – Fenster in die Urzeit", 2005
© Nehring, S.: 4 Bernsteine und ein Phosphorstück
© Nehring, S.: Warnschild auf Usedom
© Von Holt, J.: Pressbernstein-Maschine, mehrere Bilder
© Kobbert, M.: Bernsteinhalskette, aus „Bernstein – Fenster in die Urzeit", 2005
© Weitschat, W.: Foto von Dorota Golak mit Baltischem Bernstein

1. Auflage 2015

Gesamtherstellung: Wachholtz Verlag
Printed in Germany
ISBN 978-3-529-05474-7

Besuchen Sie uns im Internet:
www.wachholtz-verlag.de

Inhaltsverzeichnis

Ein Wort vorweg

Urlaub in Norddeutschland – die beste Gelegenheit, um auf Bernsteinsuche zu gehen. So sieht man auch viele Nord- und Ostseeurlauber oft stundenlang am Strand entlanglaufen, den Blick immer nach unten gerichtet, in der Hoffnung, einen Bernstein zu finden. Die meisten von ihnen werden allerdings enttäuscht.

Wie, wo und wann finde ich Bernstein?

Bernstein kommt an Ost- und Nordsee – aber auch im (nord)deutschen Binnenland – gar nicht so selten vor. Warum also wird er von den Touristen so selten gefunden? Ganz einfach: Sie suchen am falschen Ort zur falschen Zeit und gehen nicht nach der richtigen Methode vor.

Es bedarf genauer Kenntnisse, um bei der Bernsteinsuche wirklich fündig zu werden – und die will dieses Buch vermitteln.
Zunächst sollten Sie eine Vorstellung davon haben, wo Bernstein überhaupt gefunden werden kann, wo die Suche also tatsächlich sinnvoll ist. Dazu sollte man etwas wissen von seiner Entstehung, Lagerung und Umlagerung. Ich muss wissen, wie ich den Bernstein finden kann, also mit welchen Methoden. Solche Kenntnisse erlauben dem Bernsteinsammler, Fundstellen selbst zielgerichtet zu suchen und mit größerer Wahrscheinlichkeit Bernstein zu finden.

Auch sollten Sie wissen, worauf bei der Suche zu achten ist, nach welcher Methode normalerweise vorgegangen wird. Nicht jeder Bernstein hat die allgemein bekannte klar honiggelbe Farbe, es gibt ihn in allen möglichen Farben und Varianten. Und wenn Sie die nicht kennen, können Sie mögliche Funde leicht übersehen. Wie Bernstein aussehen kann, woran er sich erkennen lässt, welche Eigenschaften er hat – diese Fragen sollten Sie vor einer Suche geklärt haben.

Wenn man dann aber den ersten Bernstein gefunden hat, lässt einen – so die Erfahrung – dieses faszinierende Erlebnis so schnell nicht mehr los. Häufig genug entwickelt sich eine Sammelleidenschaft und das Bedürfnis, möglichst viel über das Thema Bernstein in Erfahrung zu bringen – über seine Entstehung, die verschiedenen Formen und Farben, die Varianten, die Einschlüsse usw.

Zu all diesen Aspekten und vielen weiteren – wie zum Beispiel zu den Fragen, woran man Fälschungen erkennt, wie man Bernstein selbst bearbeiten kann, wie man eine Sammlung aufbaut, welche Messen es gibt oder auf welche Literatur man zurückgreifen kann – will ich Ihnen in den folgenden Kapiteln die nötigen Informationen geben. Auf dass Ihre Bernsteinsuche in Zukunft möglichst erfolgreich verläuft!

Ihr Carsten Gröhn

Entstehung des Bernsteins

Wer sich für Bernstein interessiert, der sollte sich zunächst mit der Entstehung des wunderschönen Gesteins, auch „Tränen der Götter“ genannt, befassen. Die Entstehung unseres heutigen Bernsteins soll in diesem ersten Kapitel umrissen werden – auf Seite 92 finden Sie einige Hinweise auf weiterführende Literatur, wenn Sie gerne noch mehr erfahren möchten.
Und noch eins: Lassen Sie sich durch eventuell auftauchende Fremdwörter nicht abschrecken – sie werden in einem Glossar ab Seite 93 erklärt.

Der Bernsteinwald

Vor 50 Millionen Jahren gab es die heutige Ostsee noch nicht. In dem Bereich, wo sie heute ist, stand ein großer Wald mit harzproduzierenden Bäumen, der sogenannte Bernsteinwald. Nachweislich waren Kiefern und Eichen stark vertreten. Dieser Bernsteinwald existierte sicher über viele Millionen Jahre.
Bäume harzen aus verschiedenen Gründen, zum einen, um sich gegen Fraßfeinde zu schützen, zum anderen, um Wunden zu verschließen. Nadelhölzer harzen gewöhnlich mehr als Laubbäume. Die Verletzungen können durch Käferfraß oder durch Windbruch entstehen oder einfach durch das Wachstum der Bäume. Beim Dickenwachstum wächst die Rinde weniger als der Holzteil, die Folge sind Risse in der Rinde, in die der Baum harzt.
Im Eozän herrschte subtropisches, feuchtes Klima. Wahrscheinlich regnete es häufig und stark. So wurden über viele Millionen Jahre hinweg nach und nach große Harzmengen in die Seen und Flüsse geschwemmt und lagerten dort gut geschützt vor Verwitterung. Das ist eine der

Ob der Bernsteinwald so ausgesehen hat?

wichtigen Voraussetzungen zur Bernsteinentstehung. Frisches Harz wird schon nach wenigen Tagen trocken und bekommt Risse, vergleichbar mit lehmigem Boden, der bei Trocknung aufreißt. Das Harz muss also schnell unter Luftabschluss geraten sein, und diese Bedingung war im feuchten subtropischen Wald gegeben.

Um die eigentliche Entstehung des Baltischen Bernsteins verstehen zu können, muss man die Entwicklung des heutigen Ostseeraumes vom Eozän (vor ca. 50 Millionen Jahren) bis heute betrachten, vor allem die Regression und Transgression des Meeres, d. h. das Vordringen und Zurückziehen des Meeres.

Im Laufe des Eozäns schob sich das Meer immer weiter nach Osten vor, gegen Ende des Eozäns weit über das heutige Kaliningrad (ehemals Königsberg) hinaus. Es teilte den Bernsteinwald in einen nördlichen und einen südlichen Bereich. Unser Baltischer Bernstein ist ausschließlich aus den Harzen des nördlichen Bernsteinwaldes entstanden.

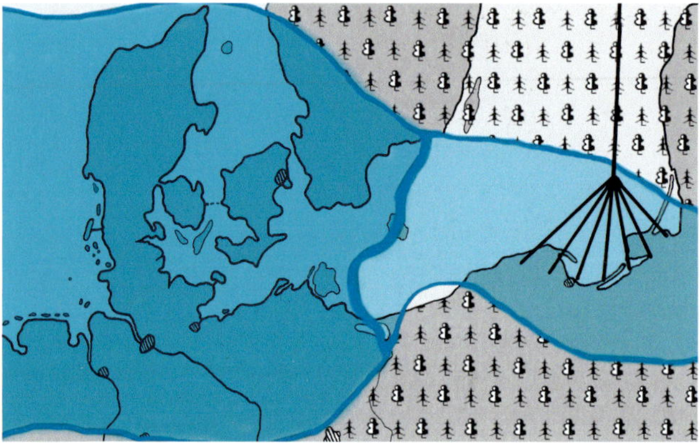

Der Bernsteinwald im Mitteleozän und der Eridanos-Fluss

Ob es den legendären Bernsteinfluss Eridanos wirklich gab, wird zwar häufig angezweifelt. Doch die sogenannte Blaue Erde von Jantarny (das ehemalige Palmnicken bei Königsberg) beweist meiner Meinung nach seine Existenz. Die Blaue Erde besteht aus Meeresablagerungen (Sedimenten), angereichert mit großen Mengen Bernstein. Sie kommt sehr begrenzt vor und zeigt uns in den Umrissen ein typisches Flussdelta mit einer ursprünglichen Flussmündung im Norden dieses Deltas. Also muss der Fluss von Norden aus dem Bereich des heutigen Schwedens und der heutigen östlichen Ostsee gekommen sein.

Der Eridanos transportierte das Harz aus dem Bernsteinwald ins Meer, dessen Küste vor ca. 40 Millionen Jahren nördlich des heutigen Kaliningrad verlief. Hier am Meeresgrund in den Sedimenten des Flussdeltas konnte nun die Entstehung des Bernsteins aus dem Harz seinen Lauf nehmen. Durch einen fortschreitenden Polymerisationsprozess verfestigte sich das Harz über die Kopal-Stufe im Laufe einer Million Jahre zu Bernstein. Erst nach dieser beinahe unvorstellbar langen Zeit war die Enstehung des Bernsteins abgeschlossen. Deshalb ist auch verständlich, dass nicht überall auf der Erde aus jedem Harztropfen ein Bernstein geworden ist. Für seine Entstehung bedarf es glücklicher Umstände über einen sehr langen Zeitraum.

Entwicklung des Ostseeraumes, Umlagerung des Bernsteins

Im Laufe der folgenden vielen Millionen Jahre änderte sich das Klima, es wurde trockener und kälter. Dies ist das Zeitalter Miozän, vor ca. 20 Millionen Jahren. Auch die Vegetation änderte sich entsprechend, den Bernsteinwald gab es nicht mehr. Immer mehr Ablagerungen überdeckten die Sedimente, in die das Harz geschwemmt worden war. Das fossile Harz verfestigte sich weiter. Heute liegt die Blaue Erde bei Jantarny in 30–40 m Tiefe, nach Norden unter die Ostsee ziehend in weniger als 10 m Tiefe, und an einigen Stellen erreicht sie sogar den Meeresgrund.

Im Miozän zog sich das Meer immer weiter aus dem Bereich der heutigen Ostsee zurück, um dann im Pliozän (vor ca. 3 Millionen Jahren) den Bereich der heutigen Nordsee einzunehmen.

Zwischen dem Miozän und dem beginnenden Pleistozän (dem Eiszeitalter) erstreckte sich der Baltische Urstrom mit seinen Nebenflüssen über 1000 km von Finnland über das Baltikum und Südschweden, Mecklenburg-Vorpommern, Schleswig-Holstein, Niedersachsen bis zu den Niederlanden. Die Mündung lag im Beckenzentrum der heutigen Nordsee. Es war ein breites System mit vielen Nebenflüssen, das ständig seinen Verlauf änderte und im Oberlauf der Senke der späteren Ostsee folgte.

In ihm wurden neben Sedimenten auch gefrorene Erdschollen transportiert, die Gesteine und Bernstein enthalten konnten. Nach dem Abschmelzen der gefrorenen Erdschollen hinterließen sie ihre Fracht am Boden. Nur dadurch ist zu erklären, dass einige Gesteine und Bernstein den langen Transport in eckigen Formen überstanden haben und nicht im Sand des Flusses abgerundet wurden. Möglicherweise hat der Urstrom hier schon Bernsteine aus der Blauen Erde gewaschen und Richtung Westen transportiert.

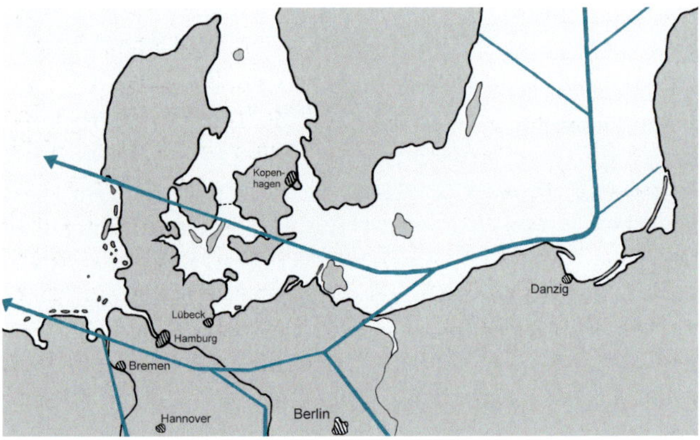

Der Baltische Urstrom – die Ostsee gab es noch nicht.

Die Gletscher der jüngsten der drei großen Eiszeiten, der Weichseleiszeit, schmolzen vor ca. 14 000 Jahren ab. Die Schmelzwasser bildeten hinter der westlichen Eisbarriere den großen Baltischen Eisstausee, die Vorstufe der heutigen Ostsee. Diese Senke wurde durch die Gletscher ausgeschürft. Vor ca. 10 000 Jahren war die Eisbarriere so weit abgeschmolzen, dass ein Teil des Baltischen Eisstausees über das heutige Mittelschweden abfloss.

Durch die Wassermassen des abschmelzenden Eises stieg der Meeresspiegel, und für wenige hundert Jahre wurden die Nordsee und der östliche Süßwassersee, unsere spätere Ostsee, über das heutige Mittelschweden verbunden.
Nach einer Eiszeit hebt sich das ursprünglich durch kilometerdicke Eismassen heruntergedrückte Land, ein Vorgang, der heute noch anhält. Durch diese Landhebung schloss sich vor ca. 9500 Jahren die Mittelschweden-Wasserverbindung wieder, und es entstand ein weiteres Mal ein großer Binnensee, der Ancylussee (benannt nach dem Leitfossil *Ancylus fluviatilis*, einer Süßwasserschnecke). Der Meeresspiegel stieg immer weiter; das Nordseeniveau lag vor ca. 8000 Jahren mindestens 15 m über dem des Ancylussees. Schließlich brach die Landbrücke im Bereich des heutigen Norddänemarks und Südschwedens, und der Binnensee wurde geflutet, Salzwasser drang ein. Mit der Flutung verbreitete sich vor ca. 7000 Jahren die Meeresschnecke *Littorina littorea*; nach ihr benannte man das Binnenmeer nun als Littorinameer – die heutige Ostsee.
Die mittlere und östliche Ostsee bestand demnach in ihren groben Umrissen (abgesehen von den noch nicht vorhandenen Nehrungen) schon seit der letzten Eiszeit, hatte also auch immer Kontakt zur Blauen Erde, so dass Bernstein herausgespült werden konnte.
Eine weitere Umlagerung des Bernsteins ist im Pleistozän (ca. 2,5 Millionen – ca. 10 000 Jahre v. Chr.), dem „Eiszeitalter", geschehen. Hier ist der entscheidende Faktor dafür zu suchen, warum nicht nur im Ostseeraum Bernstein gefunden werden kann.
Es gab drei große Kaltzeiten im nordeuropäischen Raum, während die Gletscher mehrere Male von Skandinavien zum Teil bis an den Rand der Mittelgebirge vorgestoßen

Die **Umlagerung des Bernsteins** geschah einerseits durch Wasserbewegungen, andererseits durch die Gletscher.

sind. Ihre Fließrichtung ist sehr unterschiedlich gewesen, was die sogenannten Leitgeschiebe in den Kiesgruben belegen. So finden wir zum Beispiel in Kiesgruben im Raum Lüneburg Geschiebe, die vornehmlich aus dem Osten (dem baltischen Raum) stammen: Dolomite aus Estland, Alandgesteine aus Finnland usw. In Kiesgruben im Raum Hannover finden wir viele Feuersteine und Syenite aus dem Norden (Skandinavien). Wir erkennen dadurch die beiden Hauptfließrichtungen der Gletscher, die einerseits von Norden nach Süden, andererseits von Osten nach Westen verliefen.

Wie weit haben die Gletscher den Bernstein verfrachtet?

Feuerstein (Flintstein) ist ein sehr festes, verwitterungsbeständiges Gestein. Verbinden wir die südlichsten Fundpunkte der von Gletschern transportierten Feuersteine, so erhalten wir die sogenannte „Feuersteinlinie“. Sie zeigt uns an, wie weit die Gletscher nach Süden und Westen vorgestoßen sind. Bis zu den Endmoränen hin haben die Gletscher neben Feuerstein auch Bernstein mitgeführt und abgelagert. Man könnte also zu der „Feuersteinlinie“ auch „Bernsteinlinie“ sagen, aber da Bernstein sehr schnell verwittert, kommt er nicht so häufig wie Feuerstein vor.
In der ersten großen Eiszeit, der Elster-Eiszeit, schoben sich die Gletscher bis an den Rand der Mittelgebirge. Die Moränen dieser Eiszeit sind fast überall von jüngeren

Schichten überdeckt worden. Die zweite große Eiszeit (Saale-Eiszeit) hatte mehrere Gletschervorstöße, hier drang der erste Gletscher (Drenthe I) fast so weit vor wie die Elster-Gletscher, im Westen sogar darüber hinaus bis fast nach Köln. Die letzte Eiszeit (Weichsel-Eiszeit) ließ die Gletscher nur bis Hamburg und südlich des jetzigen Elbeverlaufes vordringen. In jeder Eiszeit wurden Teile des Bernsteins wieder umgelagert und neu verfrachtet, so dass der Bernstein dadurch oft schon auf tertiärer, quartärer oder noch jüngerer Lagerstätte liegt. Die südlichste Ausdehnung der Gletscher ist entsprechend auch die südlichste Ausdehnung der Bernsteinvorkommen.

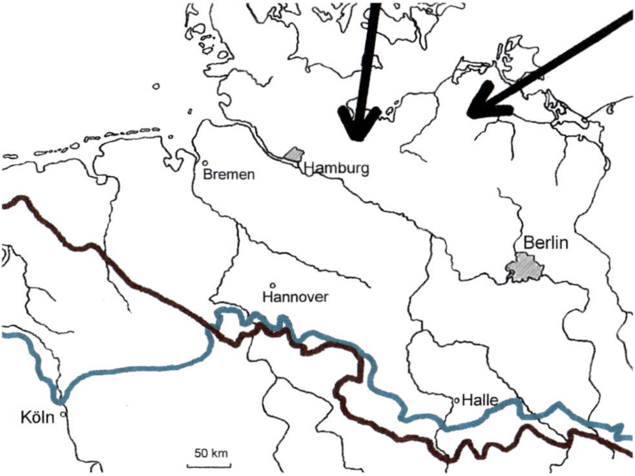

Der Weg der Gletscher:
Blaue Linie: Saale-Kaltzeit (Drenthe-Stadium)
Rotbraune Linie: Elster-Kaltzeit
Schwarze Pfeile: Gletscher-Hauptfließrichtungen

Die Blaue Erde von Jantarny

Die Hauptlagerstätte des Bernsteins und die auch weltweit ergiebigste Bernsteinlagerstätte befindet sich in der sogenannten Blauen Erde von Jantarny bei Kaliningrad (das frühere Palmnicken bei Königsberg), einem graugrünen, glaukonithaltigen Sediment mit einigen Kilogramm Bernstein pro Kubikmeter Erde. Hier werden im Tagebau jedes Jahr einige hundert Tonnen Bernstein gefördert.
Der Bernstein lagert in Jantarny selbst in über 30 m Tiefe, zur Ostsee hin in nur 8–10 m Tiefe, und in der Ostsee erreicht die Blaue Erde sogar den nur etwas mehr als 5 m tiefen Meeresgrund.

Der Bernstein-Tagebau bei Jantarny. Nirgends sonst findet sich so viel Bernstein.

Die ergiebigste Bernsteinausbeute kann man naturgemäß an der Küste in der Nähe von Jantarny machen. Ein Grund dafür ist daraus abzuleiten, dass der Bernstein hier direkt aus der Blauen Erde gewaschen wird. Mit großen

Spülsaum am Strand von Jantarny

Wasserwerfern wird ein Bernstein-Schlamm-Gemisch hergestellt, das in die Hallen des Bernstein-Kombinats Jantarny gepumpt wird. Dort wird der Bernstein aussortiert und der Restschlamm über ein Rohrsystem in die Ostsee gepumpt. So mancher Bernstein, vor allem kleinere Steine, findet so den Weg ins Wasser und wird mit den Wellen wieder an Land gespült. Nur so sind Spülsäume dieses Ausmaßes zu erklären.

Wo suche ich? Fundstellen an der deutschen Ost- und Nordseeküste, auf den deutschen Inseln sowie im (nord-)deutschen Binnenland

Sie machen Urlaub in Norddeutschland und möchten gerne auf Bernsteinsuche gehen? Die erste Frage, die sich für jeden Bernsteinsuchenden stellt, ist: Wo soll ich suchen, wo gibt es überhaupt Bernstein zu finden? Im folgenden Kapitel möchte ich dieser Frage nachgehen und Ihnen dabei helfen, die besten Fundstellen an der deutschen Ost- und Nordseeküste, auf den deutschen Inseln und im (nord-)deutschen Binnenland ausfindig zu machen.

Ostsee

Nicht nur an der *deutschen* Ostseeküste lässt sich Bernstein finden, auch an den Küsten der östlichen und mittleren Ostsee – beispielsweise entlang der litauisch-russischen Kurischen Nehrung und an der litauischen Küste, in Jantarny innerhalb der russischen Enklave Kaliningrad oder auf der polnischen Halbinsel Hela – kann die Suche erfolgreich sein.
Konzentriert man sich auf Deutschland und arbeitet sich entlang der Ostsee von Osten nach Westen vor, trifft man zunächst auf die Insel **Usedom**, deren größter Teil zum deutschen Bundesland Mecklenburg-Vorpommern gehört. Hier liegt unter dem Streckelsberg bei Koserow, einer über 50 m hohen Kliffranddüne, ein ergiebiges Bernsteinvorkommen, das sich wahrscheinlich im Oligozänmeer durch zusammengeschwemmten eozänen Bernstein bildete. Diese linsenartige Anhäufung von

Bernstein liegt im Strandbereich ca. 5 m unter dem Sand, erreicht in der Ostsee aber den Meeresgrund. Deshalb wird bei starken Stürmen immer wieder Bernstein frisch aus dem Untergrund freigelegt und am Usedomer Strand angespült. Wasserlanzenspüler haben hier vor vielen Jahren noch eimerweise Bernstein gewonnen.

Holzbuhnen bei Koserow: Hier ist das Keschern oft gewinnbringend.

An der ganzen Nordostküste von Usedom können wir bei nordöstlichen Winden Bernstein finden. Auf der Nordwestseite und direkt in der Peenemünder Bucht ist kein Bernstein zu erwarten. Der mittlere Bereich von Usedom ist eine Abtragungsküste und bei Koserow durch viele Holzbuhnen geschützt, Richtung Peenemündung ist die Anlandungsküste. Bei Nordostwinden verfängt sich zwischen den Buhnen reichlich Bernstein. Deshalb ist gerade im Bereich der Buhnen das Keschern angesagt.

An der Küste zwischen dem **Freesendorfer See** und **Loissin** werden bei nördlichen und nordwestlichen Winden ab und zu kleinere Bernsteinfunde gemacht. Im **Greifswalder Bodden** und westlich bis zum Süden der Insel Rügen ist hingegen kein Bernstein zu erwarten. Auf **Rügen** selbst sind Bernsteinfunde nur an der Ost- und Nordküste möglich, angefangen von Sellin nordwärts über Sassnitz, Lohme, Glowe, die Schaabe entlang, um das Kap Arkona herum, dann abnehmend bis zur Küste nördlich von Dranske. Der gesamte Boddenbereich zwischen Rügen und der Insel **Hiddensee** ist nahezu ohne Bernstein. Auf Hiddensee selbst aber finden wir Bernstein sowohl lose am Strand der Westküste, nach Norden hin zunehmend, als auch im Geschiebemergel als eiszeitliche Ablagerung im Nordwesten der Kliffküste. Da die Westküste der Insel in nordnordwestlicher Richtung verläuft, stehen die Winde für Sammler besonders häufig günstig, denn die West- oder Nordwest-Windlagen sind die häufigsten.

Bewegen wir uns von Hiddensee aus weiter gen Südwesten, beschert uns die Nordküste der Halbinsel **Zingst** bei nördlichen bis nordöstlichen Winden immer wieder reichlich Bernstein. Allerdings ist die Küste ganz im Osten von Zingst bis hin zur Halbinsel **Großer Werder** ein Naturschutzgebiet und das Befahren verboten. Die Küste zu Fuß abzulaufen erfordert reichlich Kondition, denn von Zingst bis zum Großen Werder sind es mehr als 10 km. Ganz im Westen von Zingst schließt sich der **Darß** an, an dessen Nordküste wir bei nordöstlichen Winden ebenfalls reichlich Bernstein finden können. Vor allem in der Bucht Richtung Hafen häufen sich nach Nordoststürmen die Tang- und Seegrasberge, in denen sich so mancher Bernstein versteckt. Nordwestlich des Hafens um die

Darßspitze herum bis einige hundert Meter nördlich des Leuchtturmes vom Darßer Ort befindet sich die Kernzone des Naturschutzgebietes, das Betreten ist verboten.

Darß vor dem Nothafen

An der Westküste des Darßes und der Landbrücke **Fischland**, angefangen beim Leuchtturm Darßer Ort im Norden bis Dierhagen im Süden, können wir bei nordwestlichen Winden Bernstein erwarten. Vor allem im Bereich der Buhnen, wie beispielsweise bei Ahrenshoop, sammelt sich Bernstein in den Buhnenbuchten. Sowie der Wind zu sehr zunimmt oder auf Westen dreht, entsteht eine starke Strömung entlang der Küste und treibt den Bernstein fort. Für Bernsteinsuchende interessant sind die Zeiten, in denen im Bereich von Fischland Sandaufspülungen vorgenommen werden, um den bei Herbst- und Winterstürmen verloren gegangenen Sandstrand wieder aufzuspülen. Dabei werden nämlich manchmal vom Saugbagger aus dem vorgelagerten Meeresgrund Bernsteinnester mit aufgesogen und an den Strand gespült – das Bernsteinfieber bricht aus.

In den Buhnenbuchten bei Ahrenshoop sammelt sich so mancher Bernstein.

Wir gehen weiter die westliche Ostsee entlang. Zwischen **Graal-Müritz** und **Diedrichshagen** gibt es nur wenig Bernstein zu finden. Zwischen Diedrichshagen und der kleinen Halbinsel westlich des Ostseebades **Rerik** wird ab und zu Bernstein gefunden, dann erst wieder an wenigen Stellen im Norden der Insel **Poel**, ebenso zwischen **Boltenhagen** und **Groß Schwansee**. Die Fischer der Insel Poel bringen immer wieder größere Bernsteine von ihren Fangreisen mit, die bis zur dänischen Insel Bornholm gehen. 1972 barg ein Grundnetzfischer einen 1280 g

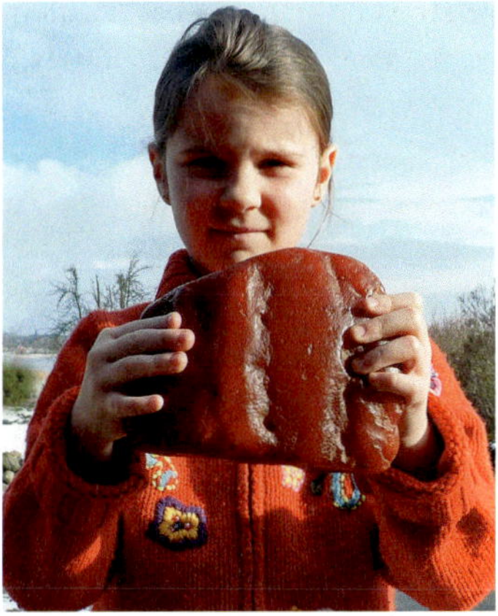

Spektakulärer Fund: 1280-Grammer

schweren Bernstein – das Foto auf dieser Seite zeigt seine stolze Enkelin mit dem eindrucksvollen Fund.

Weiter westlich befindet sich die **Lübecker Bucht**, sie ist mehr oder weniger bernsteinfrei. Kleinere Funde sind nördlich von **Dahme** entlang der Ostküste bis **Großenbrode** kurz vor **Fehmarn** möglich. Auf der Insel Fehmarn werden immer wieder schöne Funde gemacht, vor allem bei Nordostwinden auf der östlichen Seite der großen Mole von Puttgarden und bei Nordwinden auf ihrer westlichen Seite. Von Anglern, die im Frühjahr im Wasser nördlich des Fehmarner Niobe-Denkmals nach Meerforellen fischen, hörte ich mehrfach, dass sie mit ihren Keschern Bernsteine im flachen Wasser geborgen haben. Nie hörte ich jedoch von Bernsteinfunden aus Fehmarns Westen oder von der **Hohwachter Bucht** in Schleswig-Holstein. Von einzelnen Funden am Campingplatz **Waldesruh** und am **Schönberger Strand** berichteten mir Camper. Einen Ausnahmefund machte ein Urlauber bei **Damp**, der hier im Winter 2008 drei schöne Bernsteine fand.

Grundsätzlich kann man sagen, dass die Bernsteinfunde an der Ostsee stark abnehmen, je weiter man nach Westen kommt. Ebenso nehmen die Funde nach Norden hin stark ab, so dass man nördlich von **Kiel** und an der Ostküste Dänemarks nur selten Bernstein findet.

Nordsee

Im nächsten Abschnitt kommen wir zu den deutschen Nordseeküsten. Viel Bernsteinmaterial wurde über das Urstromtal der Elbe in die Nordsee geschwemmt. Folglich findet man in der Nähe der Elbmündung am meisten Bernstein, nach Norden hin abnehmend. Richtung Westen nehmen die Funde viel schneller ab, da an der südlichen Nordseeküste eine West-Ost-Drift besteht.

Wenden wir uns zunächst den Ostfriesischen Inseln zu. Die meist sandstrandigen Nordküsten von **Wangerooge**, **Spiekeroog**, **Langeoog**, **Baltrum**, **Norderney** und **Juist** sind für Sammler auf der Nordostseite ergiebiger als die Küsten auf der Nordwestseite. Dies ist wahrscheinlich der Fall, weil der Strand dort seichter ins Wasser abfällt und der Bernstein so besser liegen bleiben kann und weil sich durch die westliche Strömung Verwirbelungen bilden. Zwischen den Inseln herrscht eine starke Ebbe-Flut-Strömung, so dass kein Bernstein liegen bleiben kann. Größere Fundmengen gibt es hier leider selten.

Die Düneninsel Baltrum vor der ostfriesischen Küste

Das Watt vor der kleinen Insel Neuwerk (**Neuwerker Watt**), direkt an der Elbmündung gelegen, bringt fast immer gute Funde. Da die Fahrrinne der Elbe regelmäßig ausgebaggert wird und die großen Schiffe immer für ein starkes Aufwühlen des Untergrundes sorgen, wird ständig neuer Bernstein aus dem Meeresboden freigelegt, der dann bei Ebbe auf den ausgedehnten Wattflächen gesucht werden kann. Leider haben einige Bernsteine aber abgeplatzte Stellen – ein eindeutiges Zeichen dafür, dass sie in einen Saugbagger geraten sind und durch die Kreiselpumpe beschädigt wurden.

In der Ferne am Horizont eine Leuchtbarke, unsere Orientierung bei guter Sicht

Der konditionsstarke Sammler kann bei tageszeitlich günstig gelegenen Tiden sogar zweimal pro Tag ins Watt gehen: Abmarsch einmal frühmorgens im Dunkeln, um die Ebbe kurz nach Sonnenaufgang zu nutzen, und ein zweites Mal abends (Rückkehr ebenfalls im Dunkeln). Es ist ein unglaubliches Gefühl, das anfangs dunkel wirkende Watt zu durchschreiten, das dann immer heller wird, je mehr sich die Augen an die Dunkelheit gewöhnt haben. In der Ferne sieht man die Lichter eines Containerriesen vorbeiziehen, vereinzelt schreit eine Möwe, ansonsten herrscht Stille im Watt – und dann geht irgendwann die Sonne auf.

Aber Vorsicht: Nur der ortskundige, erfahrene Wattgänger sollte sich bis an die besonders fündigen Stellen an der Fahrrinne trauen. Solch ein oft viele Kilometer langer Weg durch das Watt und über mehrere Priele birgt seine Gefahren: Bei aufkommendem Seenebel (der auch bei bestem Wetter manchmal innerhalb einer halben Stunde aufziehen kann), trübem Wetter oder Regen sieht man die Insel Neuwerk nicht mehr und findet nur schwer den Weg über die vorher durchquerten Priele zurück. Spätestens eine halbe Stunde vor beginnender Flut sollte man daher an den Rückweg denken. Nur 30 Minuten zu spät den Rückweg anzutreten kann einen das Leben kosten, denn die Priele laufen mit starker Strömung schnell voll. Auf jeden Fall sollten Sie Handy und Kompass, am besten auch ein GPS-fähiges Gerät mitnehmen und vorher üben, den Weg ohne Sicht nur mit den Hilfsgeräten zu finden.

Der Wind spielt im Watt eine ganz andere Rolle als an der übrigen Ost- und Nordseeküste. Während an den sandigen Stränden auflandiger Wind herrschen sollte, ist die Bernsteinsuche im Watt bei ablandigem Wind am erfolgreichsten – d. h. beispielsweise bei Neuwerk bei östlichen Winden. Der stete Ostwind treibt das Wasser aus der Elbbucht, so dass bei Ebbe größere Wattflächen freigelegt werden. Bei einer solchen Wetterlage konnten meine Frau Jutta, wie ich begeisterte Bernsteinsammlerin, und ich bei einem Drei-Tages-Besuch auf Neuwerk

Drei-Tages-Ausbeute: ganze 1,6 kg Bernstein

den Rekordfund von insgesamt 1,6 kg Bernstein sammeln, darunter einen Viertel- und einen Halbpfünder. Nordwestwind dagegen drückt das Wasser in die Bucht. Bei starkem Nordwestwind kann es so weit kommen, dass gar kein Watt mehr freigelegt wird. Verstärkt wird dieses Phänomen noch, wenn die Elbe durch Regenfälle im Bereich des Elbeverlaufes viel Wasser führt. Dann fahren auch die Wattwagen zwischen **Sahlenburg** bei **Cuxhaven** und Neuwerk nicht mehr.

Vom Neuwerker Watt bewegen wir uns weiter in Richtung der **Elbmündung**. An der Elbe selbst ist nur selten Bernstein zu finden. Ein Grund dafür liegt darin, dass der Fluss Süßwasser führt und das spezifische Gewicht des Wassers damit geringer ist als das des Salzwassers. Folglich treibt Bernstein auch bei bewegtem Wasser nicht auf. Ein weiterer Grund liegt in der starken Strömung, die den Bernstein hinaus ins Meer zieht. So finden

Die Wattwagen fahren oft bis an die Grenze des Möglichen.

wir erst in der Nähe der Elbmündung Bernstein. Kleinere Funde kenne ich aus dem Watt nordwestlich von Cuxhaven, nördlich von Sahlenburg. Von der Wanderstrecke zur Insel Neuwerk muss man auf knapp halber Strecke nordnordöstlich laufen, um ergiebige Wattflächen zu erreichen. Die bereits genannte Vorsicht ist hier geboten! Auf der Nordseite der Elbmündung beginnen die fündigen Stellen nordwestlich von **Rugenort** (Friedrichskoog) an Stellen, die kein Schlickwatt haben. Größere Mengen werden hier aber nur selten gefunden.

Arbeiten wir uns an der deutschen Küste weiter nach Norden vor, treffen wir auf die **westliche Nordseeküste** und die **Nordfriesischen Inseln**. Die Küste der Nordsee mit ihrem Watt ist riesig. Aber nur an wenigen Orten findet man Bernstein. Befinden sich ausgedehnte Schlickwattflächen vor dem Marschland, ist das Suchen nach

Bernstein zwecklos. An einigen Küstenstreifen gibt es aber vorgelagerte Sandbänke, die manchmal sogar eine Verbindung zum Festland haben. Das sind erfolgversprechendere Orte, wie zum Beispiel vor **St. Peter-Ording** auf der Halbinsel **Eiderstedt**. Bei Ebbe kann man auf die weiten, parallel zur Küste verlaufenden Außensände gehen und hat reichlich Fläche zum Suchen. Die ertragreicheren Küstenabschnitte bei St. Peter-Ording beginnen südlich der Pfahlbauten und reichen von dort aus einige Kilometer nach Norden. Es sollte aber West- bis Nordwestwind herrschen bzw. geherrscht haben, denn bei östlichen Winden wird kaum Bernstein auf die Außensände getragen. Man kann schon drei Stunden vor Ebbe mit dem Suchen beginnen und dem ablaufenden Wasser hinterhergehen. Der Tidenhub beträgt hier immerhin drei Meter. Besonders fündig zeigt sich das sogenannte Riffelwatt, ein festes Watt mit vielen kleinen Kuhlen, in denen sich Bernstein gut ablagern kann.

Die charakteristischen Pfahlbauten bei St. Peter-Ording

Sprockholz in den Senken zwischen den Riffeln ist ein gutes Zeichen dafür, dass man hier Bernstein finden kann.

In der Bucht bei **Tümlauer-Koog** ist die Suche zwecklos, aber etwas nördlicher, vor dem **Westerhever** Leuchtturm, gibt es für Bernsteinsammler ergiebige Strände. Im Süden der Halbinsel Eiderstedt gibt es fündige Stellen vor **Vollerwiek**, besonders dann, wenn das Eidersperrwerk für einige Zeit geschlossen gewesen ist. Das wird gemacht, um nach erneuter Öffnung der Schleusen mit dem aufgestauten Wasser den angesammelten Schlick aus der Rinne zu spülen. In diesem Schlick befindet sich immer einiger Bernstein, denn die Eider hat während und nach der letzten Eiszeit entwässert und viel Bernstein in die Nordsee getragen.

Früher konnte man auch bei **Büsum** noch gute Funde machen, nach dem Bau des Eidersperrwerkes gingen die Funde dort aber rapide zurück. Weiter nördlich in Richtung der **Halligen** nehmen die Funde immer weiter ab. An der Nordseeküste zwischen dem Festland und den Halligen ist kaum Bernstein zu finden.

Vor den Halligen auf der Seeseite ist durchaus der eine oder andere Bernstein zu entdecken. So hörte ich von Funden im Watt von **Pellworm** und **Föhr** – aber immer nur nordwestlich dieser Halligen. Eine Ausnahme: An der langen westlichen Sandküste von **Amrum** kann man bei günstigen Winden überall ein wenig Bernstein finden.

Vor der Insel **Sylt** zieht eine starke Süd-Nord-Strömung entlang, so dass die Chance gering ist, dass Bernstein liegen bleibt. Der Strand geht hier außerdem relativ steil ins Meer, so dass Bernstein auch aus diesem Grund schlechter liegen bleiben kann. Bei leichten nordwestlichen Winden, die gegen die Strömung gerichtet sind, bleibt aber der eine oder andere Bernstein doch im Sand. Gute Fundmöglichkeiten gibt es auf Sylt dann, wenn Sandaufspülungen stattfinden. Jedes Jahr fallen bei den Herbst- und Winterstürmen viele Meter der Dünenküste dem Wasser der Nordsee zum Opfer. Um diese Küstenstreifen zu retten, werden mehrere Millionen Euro für Sandaufspülungen ausgegeben. Dieser Sand wird über Hunderte Meter lange Rohre vom Nordseeboden gesaugt – und enthält auch Bernstein. Das sind die wenigen Momente, wo der Sammler auf der nordfriesischen Insel reichlich Bernstein finden kann.

Das (nord-)deutsche Binnenland

Begibt man sich auf die Suche nach Bernstein im Binnenland, kann man vor allem in **Kiesgruben** fündig werden. Grundregeln für den Sammler in Kiesgruben sowie die verschiedenen Methoden, wie Sie dort beim Suchen vorgehen können, finden Sie im Kapitel „Wie suche und finde ich? Methoden“ (ab Seite 36). Doch wie gelangt der Bernstein eigentlich in die Kiesgruben? Schon vor langer Zeit haben Wasserströmungen an bestimmten

Stellen Bernstein angehäuft, meist zusammen mit kohligem Holz. Auch heute können wir z.B. in Buchten mit besonderen Strömungsverhältnissen massenhaft Bernstein zusammen mit schwarzem Holz finden. Diese Stellen wurden durch immer mehr Sandschichten überlagert. Und so finden wir heute in vielen Kiesgruben in bestimmter Tiefe schwärzliche Linsen, die Bernstein enthalten können. Der sogenannte Horizont des Vorkommens ist unterschiedlich tief gelegen: Nördlich von Berlin und im **Landkreis Ammerland** im Nordwesten von Niedersachsen gibt es Kiesgruben, in denen der Bernstein in nur 2 m Tiefe vorkommt, in Berlin selbst liegt er in Tiefen bis 15 m, in der niedersächsischen **Wesermark** sogar in bis zu 35 m Tiefe. Bernstein wurde nach dem Abschmelzen der Gletscher aber auch oberflächlich abgelagert und ist mancherorts beispielsweise bei Straßenbauarbeiten und beim Graben im Garten gefunden worden.
Die Gletscher der letzten Eiszeit haben Bernstein mit sich geführt und beim Abtauen in der norddeutschen

Schwarze Bänder mit Bernstein zwischen hellen Kiesstreifen

Tiefebene abgelagert, bis hin zur sogenannten Feuersteinlinie bzw. Bernsteinlinie, welche die südliche Ausdehnung der Gletscher der Elster- und Saale-Kaltzeit darstellt.
Die Bernsteinlinie zeigt uns also, bis wohin wir theoretisch Bernstein finden können. In der Praxis heißt das: In jeder Kiesgrube in Norddeutschland – vor allem auch auf **Baustellen** – kann Bernstein gefunden werden. Und je größer die Baustelle ist, desto größer ist auch die Chance, dass während der Arbeiten bernsteinführende Schichten aufgeschlossen werden. Großbaustellen gibt es z. B. bei einem Straßenneubau, bei dem riesige Mengen Erdreich – vor allem auch Sand – umgeschichtet werden. Häufig wird der sandige Untergrund viele Meter tief ausgehoben, um dann mit anderem Material wieder aufgefüllt zu werden, das sich besser verfestigen lässt. Oft werden auch Senken aufgefüllt, damit die Straße einen geraden Verlauf hat. Das Füllmaterial wird meist aus der näheren Umgebung gefördert – und dort lohnt sich das Suchen. Die entstehenden Gruben werden später mit Abraumerde verfüllt oder geflutet, dann kommt der Bernsteinsucher zu spät. Wird ein Haus mit Keller gebaut, dann wird das Erdreich mindestens drei Meter tief ausgehoben. Das ist z. B. in der norddeutschen Region **Mecklenburg** mit den größten Städten Rostock, Schwerin, Neubrandenburg, Wismar und Güstrow tief genug, um Bernstein finden zu können. Ein Hausbesitzer bei Velten (Landkreis **Oberhavel**) hat beispielsweise beim Bau seines Hauses viele Kilogramm Bernstein gefunden. Nicht umsonst heißt der nahe gelegene See „Bernsteinsee“: Er war früher eine Kiesgrube, in der reichlich Bernstein gefunden wurde, und ist heute nach der Flutung ein beliebtes Ausflugsziel für Wasserfreunde.

Baustellen sind meist nur für eine kurze Zeit in Betrieb, und die fündige Zeit beschränkt sich manchmal auf wenige Tage. Ganz anders verhält es sich mit Kiesgruben, die über viele Jahre betrieben werden. Leider kann ich hier keine konkreten Beispiele anführen, obwohl es viele gäbe. Erwähnte ich hier ein Beispiel, dann versuchten sicher in nächster Zeit viele Sammler dort ihr Glück. Das wäre gegenüber den „alten Hasen" unfair, die sich über Jahre mit viel Mühe gute Kontakte zur Kiesgrubenleitung oder dem Sicherheitsdienst und Pförtner aufgebaut haben. Und dem Kiesgrubenbetreiber wäre sicher eine Sammlerschwemme auch nicht recht. So muss jeder Interessierte selbst schauen, ob er eine geeignete Kiesgrube findet, und versuchen, eine Erlaubnis für das Betreten zu bekommen. Man sollte auf jeden Fall einen Helm und eine Warnweste bereithalten, das macht einen guten Eindruck und wird sowieso gefordert.
Wagen wir einen Blick weg vom norddeutschen Binnenland, wird klar, dass selbst direkt in der deutschen Hauptstadt **Berlin** Bernstein zu finden ist: In fast jeder etwas tieferen Baustelle kann man hier fündig werden, so auch direkt vor dem Reichstagsgebäude. Als vor einigen Jahren die neue U-Bahn gebaut wurde, haben mein Freund Uwe und ich das Baugelände besucht. Die Bauarbeiter wunderten sich zwar über unser seltsames Gesprächsthema, erzählten uns aber bereitwillig, an welchen Stellen des riesigen Baugeländes wir die Schächte untersuchen sollten. Nachdem wir weitere Informationen gesammelt hatten, ging es ab in die Schächte – mitten im Baubetrieb unter den Augen der staunenden Arbeiter. Wir sind tatsächlich fündig geworden und besitzen jetzt Reichstagsbernstein! Es sei aber betont: Holen Sie vorher immer eine Erlaubnis ein und betreten Sie Kiesgruben oder Baustellen nie ohne Genehmigung!

Zurück nach Norddeutschland: Wir finden hier nicht nur den Baltischen Bernstein, also den 40–50 Millionen Jahre alten Bernstein aus dem Bernsteinwald. Bernstein ist auch aus Harzen von Bäumen entstanden, die vor viel längerer Zeit gelebt haben, im Zeitalter Jura vor über 200 Millionen Jahren. Schon die Vorgänger unserer heutigen Blütenpflanzen (zum Beispiel Palmfarne) hatten sogenannte Harzgänge oder -kanäle. Und auch aus diesem Harz ist Bernstein entstanden und bis heute erhalten geblieben. Dazu bedurfte es besonderer Umstände: Das Harz oder Holz mit Harzgängen muss schnell unter Luftabschluss, d.h. ins Wasser geraten sein. Wahrscheinlich wurde es von Regengüssen in Bäche und Flüsse gespült. Von dort aus wurde es weiter in Seen oder Meere transportiert und in den Sedimenten abgelagert. Es folgte der Jahrmillionen dauernde Prozess der Bernsteinwerdung. Während der Jurazeit waren große Teile des heutigen Deutschlands überflutet, es bildeten sich dicke Sedimentschichten, in den Meeresrandbereichen u.a. mit dem Harz der Bäume. Im Laufe der Jahrmillionen verfestigten sich die Sedimente zu sehr hartem Sandstein und das Harz zu Bernstein. In den folgenden Erdzeitaltern hob sich das Land, die Mittelgebirge falteten sich auf. Deshalb können wir in Steinbrüchen im **Harz** – dem höchsten Gebirge Norddeutschlands am Schnittpunkt von Niedersachsen, Sachsen-Anhalt und Thüringen – grauen Sandstein mit eingeschlossenem Jura-Bernstein finden. Mit Hammer und Meißel gelingt es, das Gestein zu spalten und Bernstein freizulegen. Alle Bernsteine sind an diesem Fundort aber sehr klein und haben eine längliche Form. Wahrscheinlich sind es die Überreste von Harzgängen.

Wie suche und finde ich? Methoden

Warum wird von einigen Glücklichen kiloweise Bernstein gesammelt, andere wiederum haben noch nie einen Bernstein gefunden? Die Antwort ist einfach: Letztere waren zur falschen Jahreszeit oder bei falschem Wetter am falschen Ort, haben den Bernstein übersehen oder eine falsche Suchmethode gehabt. Und damit haben wir die fünf wichtigsten Faktoren für die Bernsteinsuche angesprochen.

Wichtige Bedingungen: Richtige Zeit, richtiges Wetter, richtiger Ort, richtiges Erkennen, richtige Methode

Die richtige Zeit

Bernstein hat ungefähr die Dichte von sehr salzigem kalten Wasser. In diesem Medium kann es fast schweben, leicht von Wasserbewegungen hin und her getragen und an Land gespült werden. Wasser hat seine größte Dichte – d. h. ist am schwersten – bei 4 Grad Celsius. Das ist die optimale Wassertemperatur für das Bernsteinsuchen – und annähernd diese Temperaturen erreicht das Wasser frühestens ab Ende Oktober, meist erst im November oder Dezember. Das Wasser nimmt Wärme nur schwer auf und ist im Frühjahr bis in den Mai hinein recht kühl.

Damit ist die für das Bernsteinsuchen geeignetste Jahreszeit festgelegt: im Winter bis ins Frühjahr hinein. In diesen Monaten wird der Bernstein schon bei geringen Wasserbewegungen hin und her getrieben und kann bei

Wellengang auf den Strand getragen werden. In warmem Wasser ist Bernstein vergleichsweise schwer und liegt in den Sommermonaten fest am Grund des Meeres. Nur starke Stürme können ihn dann überhaupt bewegen.

Das richtige Wetter

Ein erfahrener Bernsteinsammler verfolgt den Wetterbericht. Bei Windstille ist am Strand Bernsteinflaute. Bei heftigem Sturm aber ebenfalls, weil die starken Wellen beim Zurückströmen den Bernstein wieder mitreißen. Aber der Sturm hat Bernstein vom Grund des Meeres aufgewirbelt und die Voraussetzungen geschaffen, dass bald Bernstein gefunden werden kann. Erst beim Abflauen des Sturms, wenn die Wellen geringer werden, können die ersten Bernsteine am Spülsaum des Ufers liegen bleiben. Wenn dann noch die Sonne scheint, glitzern die feuchten Bernsteine unübersehbar.

Der richtige Ort

Es gibt Küstenstreifen, an denen häufiger Bernstein gefunden wird als an anderen. Grundsätzlich gilt: Wenn ein Nordwind weht, sollte man am Nordstrand suchen, bei Nordostwind am besten an einer Küste, die von Nordwest nach Südost verläuft. Bei Westwind an einem Oststrand zu suchen ist meist vergebliche Mühe. Man sucht also am besten dort, wo der Wind direkt auflandig oder fast auflandig steht. Etwas andere Verhältnisse ergeben sich bei Buhnen oder Molen, die ins Meer hinausgebaut sind. Dort kann sich in den Buchten, in die der Wind schräg hineinweht, Bernstein sammeln.
Man muss dort suchen, wo sich Schwemmgut mit ähnlichen Schwebeeigenschaften (verglichen mit Bernstein) angesammelt hat. Das ist das sogenannte Sprockholz, auch Schwarzholz, Rollholz oder

kohliges Holz genannt. Dieses alte Holz dunkelbrauner bis schwarzer Farbe lag schon so lange im Boden oder im Meeressediment, dass es nicht mehr auftreibt, sondern wie der Bernstein am Meeresgrund liegt. Je größer die angeschwemmten schwarzen Hölzer sind, desto größer können auch die Bernsteine sein.

Ähnliche Schwebeeigenschaften wie Bernstein haben auch die Gehäuse der Sandröhrenwürmer (Pygospiowürmer), Moostierchenkolonien (Bryozoen) sowie manche Tang- und Algenarten. Auch zwischen diesen Anschwemmungen sollte man suchen. Ansammlungen von Schneckengehäusen, Muschelschalen und Steinen sind Stellen, an denen meist kein Bernstein liegen geblieben ist. Auch bei schlammigen Ablagerungen, wo sich feinste Schwebeteilchen angesammelt haben, ist meist kein Bernstein zu finden. Nach starken Stürmen haben sich manchmal große Mengen Tang und Seegras aufgehäuft. Da kann sich so mancher Bernstein verfangen haben!

Seegras mit eingefangenem Bernstein

Kleines und großes Sprockholz mit Bernstein im seichten Wasser

Die richtige Methode

Die meisten Bernstein sammelnden Urlauber gehen mit gesenktem Kopf am Ufer entlang. Dort mag man zwar tatsächlich den einen oder anderen Bernstein finden, häufig aber liegt der Bernstein ganz woanders.
Herrschen Ebbe und Flut oder unterschiedliche Wasserstände, dann kann der bernsteinhaltige Spülsaum viele Meter von der augenblicklichen Wasserkante entfernt liegen. Gab es zum Beispiel an der Ostsee starken, lang anhaltenden Nordostwind, dann steht das Wasser sehr viel höher, als wenn der Wind längere Zeit aus westlichen Richtungen geweht hat. Folglich muss der Suchende seinen Blick auch höher am Strand schweifen lassen, um alte Spülsäume zu entdecken.

Nur ca. 5 Prozent des Bernsteins wird an den Strand geworfen und bleibt im Spülsaum liegen. Der meiste Bernstein verbleibt im Wasser. Wenn einige Bernsteine am Strand zu finden sind, dann kann man sicher sein, dass noch sehr viel mehr im Wasser treiben. Hohe Gummistiefel, vielleicht sogar eine Wathose, und ein Kescher gehören zur Ausrüstung des erfahrenen Bernsteinsammlers.
Zur Standardausrüstung gehört auch eine Harke, klein oder groß, um in angeschwemmten Tanghaufen rückenschonend suchen zu können.
Auf großen Wattflächen läuft man unnütze Wege, wenn man eine Stelle doppelt oder dreifach absucht. Das merkt man meist an markanten Fundstücken wie z.B. einem toten Fisch, den man dann ein weiteres Mal sieht. Also: die Wege markieren, indem man mit dem Fuß Striche zieht oder seine Harke hinter sich herzieht und so eine auch später sichtbare Spur hinterlässt.

Keschern

Wie schon erwähnt, wird nur ein geringer Teil des Bernsteins an den Strand geschwemmt, der größte Teil bleibt im Wasser liegen. Sehen wir also angeschwemmten Bernstein an der Wasserkante und ein Algen-Sprockholz-Gemisch im Wasser treiben, dann lohnt sich das Keschern mehr als das Sammeln. Und es gibt den großen Vorteil: Die meisten Mitsammler haben keinen Kescher und sind auf den Spülsaum angewiesen. Da der Bernstein in der kalten Jahreszeit zu finden ist, muss man sich zusätzlich zur Wathose entsprechend vor dem kalten Wasser schützen: Eine doppelte Hose oder ein Neoprenanzug ist hier angesagt. Auch für das Keschern gilt: Während des Sturms ist die Brandung zu stark. Der Wind sollte abgeflaut sein, das Wasser etwas ruhiger. Außerdem sollte auflandiger Wind herrschen, dann sammelt sich der Bernstein an der Küste.

Keschern in der Bucht südlich der großen Mole von Blåvand

Ich selbst verwende einen großen Angelkescher, in den ich ein Netz mit 0,7 cm Maschenweite genäht habe. Die Oberseite des Keschers sollte gerade sein, um ihn dicht über den Boden ziehen zu können. Da das Netz besonders in diesem Bereich leicht abnutzt, schütze ich es durch Gummi: Ich schneide einen Gummischlauch längs auf, lege ihn um das Kescherrohr und befestige ihn.
Das Bernsteinfischen mit Keschern hat eine alte Tradition an der Ostseeküste. Seit Jahrhunderten trieb es die Menschen nach heftigen Stürmen in die Wellen, um sich mit dem früher noch reichlich zu fischenden Bernstein ein Zubrot zu verdienen.

Harken

Haben sich nach einem heftigen Sturm am Strand riesige Mengen an Tang, Seegras und Sprockholz aufgehäuft, dann schmerzen Rücken und Knie beim Sammeln schnell, wenn man sich ständig bückt oder hinkniet.
Eine langzinkige Harke tut da gute Dienste. Solch eine Harke benutze ich auch, um in Braunkohlegruben Bernstein aus dem Boden zu harken.

Suche in angeschwemmtem Tang

Das Harken von Bernstein schont Rücken und Knie.

Spülen

Diese Methode wird sich nur wenigen technisch begabten Sammlern erschließen. Der Bau einer Spülausrüstung erfordert einige handwerkliche Kenntnisse. Außerdem

Das Spülen von Bernstein ist nur an wenigen Orten erlaubt, kann aber sehr einträglich sein. Hier Fotos aus einer Braunkohlegrube bei Bitterfeld/Leipzig.

gibt es nur wenige Stellen, wo es erlaubt ist, tiefe Löcher in den Boden zu spülen, um an den verborgenen Bernstein zu gelangen. Zur Methode: Ein kräftiger Motor pumpt Wasser durch einen Feuerwehrschlauch in eine aus mehreren Teilen zusammengesteckte Lanze. Der starke Wasserstrahl spült sich senkrecht in das Erdreich. Wird eine Schicht erreicht, in der Bernstein vorkommt, merkt man es meist zuerst am hochgeschwemmten „Sprockholz", den schwarzen Holzstückchen verschiedener Größe, wie man sie auch am Strand im Spülsaum findet.
Transport: Ein leichter, aber stabiler Aluminiumwagen mit großen Rädern (Eigenbau, in Kleinteile zerlegbar und in einem Kombi transportierbar) kann auch in unwegsamem Gelände gut bewegt werden.

Fischen

Die Grundnetzfischer der Nordsee haben nicht selten einen wertvollen Beifang: Bernstein. Wenn das Grundnetz über den Boden gezogen wird, gerät der relativ leichte Bernstein ins Netz. Grundnetzfischen wird sowohl in der Nordsee als auch in der Ostsee betrieben. Also: Fragen Sie doch einfach mal die Fischer, ob Sie einen Blick in ihr Netz werfen dürfen!

„Angeln"

Kaum zu glauben, aber wahr: Ein Ostseefischer hat in gefangenen Dorschen nicht nur einmal einen Bernstein im Darm des Fisches gefunden. Dorsche sind gierige Räuber und verschlingen alles, was blitzt und blinkt – warum nicht auch einen Bernstein, der im Wasser treibt und bei schönem Sonnenschein leuchtet?

Bernstein in Kiesgruben

Bevor ich das Suchen von Bernstein in Kiesgruben beschreibe, möchte ich einige wichtige Hinweise geben:

Grundregeln für den Sammler

1. Fragen Sie vor einem Grubenbesuch beim Pförtner höflich, ob es ausnahmsweise erlaubt ist, einen Blick in die Grube zu werfen! Betriebene Gruben sind nicht frei zugänglich, das Betreten ist grundsätzlich verboten.
2. Verhalten Sie sich vorbildlich und schädigen Sie nicht das Ansehen der Sammler!
3. Tragen Sie eine Warnweste und Schutzhelm!
4. Behindern Sie die Arbeiten in der Grube nicht und gehen Sie nicht zu nahe an die Maschinen!
5. Hinterlassen Sie keine Abfälle!
6. Hinterlassen Sie keine auffälligen Grabungsspuren!
7. Melden Sie sich nach dem Grubenbesuch wieder ab!

Diese Regeln sollen einerseits dem Sammler selbst helfen, aber auch die Grubenbesitzer oder das Wachpersonal den zukünftigen Sammlern gegenüber gnädig stimmen.
Es gibt zwei grundsätzlich verschiedene Möglichkeiten des Suchens, Sammelns und Findens: zum einen den direkten Zugriff, indem man in den Kiesgruben nach den schwarzen Horizonten sucht oder gräbt, zum anderen den indirekten Zugriff, indem man die Sohle der Kieshänge absucht oder bei Kiesgruben mit Nassabbau an den Waschanlagen sucht.

Der indirekte Zugriff

Viele Kiesgruben können nicht trocken betrieben werden, da Grundwasser einsickert, das zum Teil in nur 2 m Tiefe steht. In diesen Gruben bzw. besser gesagt Seen wird der Sand zusammen mit dem schon beschriebenen schwarzen Holz mit einem Saugbagger nach oben befördert. Da auch das nachrutschende jüngere Material, das Steine enthält, mitgefördert wird, läuft das Fördergut über Siebe. Es wird in die verschiedenen Korngrößen getrennt; so entstehen Haufen mit Sanden, Kiesen und Überkorn. In letzteren Haufen findet man selten Bernstein.

Für den Bernsteinsammler ergiebiger sind Waschanlagen, in denen der verunreinigte Sand gewaschen wird und Schwebeteilchen (Federn, Pflanzen usw.), Holz und Bernsteine abgeschöpft und ausgeworfen werden. Der Vorteil: Der Bernstein wird nicht durch Steine zerschlagen, und die Bernsteinkonzentration ist auf diesen schon von weitem an ihrer schwarzen Farbe erkennbaren Haufen größer. Wird das leichte Material nicht extra abgeschöpft und gelagert, fließt es an bestimmten Stellen vom Förderband: Dort sind die fündigsten Stellen!

Das Bernsteinsammeln ist kein ganz gefahrloses Hobby. Vorsicht ist gerade in Kiesgruben geboten.

Da die Sande und Kiese mit dem darin enthaltenen Bernstein zusammen mit viel Wasser gefördert werden, wird das überflüssige Wasser mit den darin enthaltenen Schwebeteilchen durch Rohre abgeführt und an anderer Stelle wieder abgelassen. Es entstehen die bei Sammlern so beliebten Spülfelder. ACHTUNG: Mancher Sammler hat darin schon seinen Stiefel oder mehr verloren ...

Manchmal kann die Bernsteinsuche auch langwierig sein – doch die Mühe zahlt sich oft doppelt und dreifach aus.

Der Bernstein bleibt dort liegen, wo keine starke Strömung mehr herrscht. Aber gerade dort ist es gefährlich, weil man leicht im Schlamm versinken kann.
Leider – aus der Sicht des Bernsteinsuchers – wird das Wasser bei manchen Kiesgruben zurück in einen Seebereich geleitet, in dem die Förderung abgeschlossen ist. Die einzige Möglichkeit, dort an den Bernstein zu gelangen, besteht darin, einen großen Kescher vor das Abflussrohr zu halten, eine zeitraubende und meist wenig ergiebige Arbeit.

Der direkte Zugriff

Es ist anstrengend, zeitraubend und nicht immer erfolgreich: nach Bernstein graben, immer auf der Suche nach den schwarzen Horizonten in hellem Kies. Es muss nicht unbedingt schwarzes Holz zu finden sein, die bernsteinführenden Schichten können auch nur aus schwarz gefärbten Sanden bestehen (meist mit hohem Glimmeranteil), die sich markant von den fast weißen feinen Schmelzwassersanden abzeichnen. Diese schwarzen Bänder muss man in ein Sieb schaufeln und den Bernstein aussieben. Je größer die schwarzen Holzstückchen sind, desto größer sind auch die Bernsteine, die dann im Sieb leuchten. Hat man Glück, dann findet man an einer Abbruchkante der Kiesgrube diese schwarzen Horizonte und kann dort sein Loch in die Wand graben und die bernsteinführende Linse ausbeuten. Aber Vorsicht! Graben Sie nicht zu tief in die Wand

Bei ihren Probegrabungen hinterlassen Bernsteinsucher Hügel, die an Maulwurfshaufen erinnern.

Graue bis schwarze Schichten im hellen Sand

Ausbeute einer Linse von ca. 2 m Durchmesser

und verschwinden Sie nicht mit dem ganzen Körper oder Oberkörper im Loch: EINSTURZGEFAHR! Meist hat man nicht das Glück, diese schwarzen Streifen an der Abbruchkante zu finden, und muss an den verschiedensten Stellen Probegrabungen in den Sand setzen, d.h. mit dem Spaten ein Loch graben. Erwischt man mit Glück dann einen schwärzlichen Auswurf, leuchtet meist auch schon ein Bernstein. Nun kann man beginnen, eine größere Fläche aufzugraben, um die schwärzliche Linse auszubeuten. Dann sind alle Mühen und Blasen vergessen, und es zählt nur noch der Bernstein.

Bernstein erkennen

Farben

Der typische, jedem bekannte Bernstein hat eine klar honiggelbe bis klar bräunlich gelbe Farbe, die man üblicherweise auch als „bernsteinfarben" bezeichnet. Doch nur 10 Prozent des geförderten Bernsteins hat tatsächlich diese Farbe!
Es gibt eine Fülle von Farbvarianten. Bernstein in allen Farben sammeln zu wollen ist ein unerschöpfliches Feld, denn kein Bernstein gleicht dem anderen.
Außerdem muss bedacht werden, dass ein Rohbernstein ganz anders aussieht als ein geschliffener Bernstein. Ein äußerlich unansehnlich wirkender Rohbernstein kann nach dem Schleifen eine ungeahnte Farbenpracht zeigen.

Oft entwickelt der Bernstein erst nach dem Schleifen seine faszinierende Farbenpracht (hier im Vergleich).

Submikroskopisch kleine Bläschen trüben das Harz und den daraus entstandenen Bernstein milchig. Sind es feinste Bläschen, kann der Bernstein fast weiß aussehen. Sind viel Erd-, Humus- oder Holzreste ins Harz

Bernstein kommt in den verschiedensten Farben vor: gelb, klar oder trübe, weiß, braun, fast schwarz, bläulich, grünlich, rötlich.

eingeschlossen worden, ist brauner Bernstein entstanden, der so dunkelbraun sein kann, dass er fast schwarz wirkt. Es gibt auch Mischfarben, die z. B. entstanden sind, wenn ein Bereich des Harzes Humus enthält, die Schicht darüber aber klar und ohne Inhalt geblieben ist. Und wenn sich in diesem klaren Bernsteinbereich sogar ein Insekt befindet, dann lacht das Sammlerherz.
Selten finden wir bläuliche Bernsteinfarben. Die Entstehung der blauen Farbe ist nicht endgültig geklärt. Wahrscheinlich kommt sie durch Lichtbrechung an feinsten Bläschen gleicher Größe zustande.
Bernstein verwittert im Laufe der Jahrzehnte. Diese Verwitterung beginnt mit einer Verfärbung der Oberfläche, so dass weißer Bernstein gelblich braun und gelblicher Bernstein rotbraun aussieht. Mit der Lupe kann man feinste Risse erkennen, ähnlich den Rissen bei trocknendem Lehmboden. Innen hat der Bernstein immer noch seine ursprüngliche Farbe. Beim Anschliff entstehen interessante Farbspiele.

Die Fotos zeigen alle Bernsteine. Hätten Sie alle erkannt?

Formen

Das Harz der Bäume fließt nicht gleichmäßig, heute nicht und auch vor über 40 Millionen Jahren im Bernsteinwald nicht. So ergaben und ergeben sich verschiedenste Harzformen und daraus entstandene Bernsteinformen.
Eine Art Bernsteinform stellen Tropfen dar, und kein Tropfen sieht aus wie der andere. Fiel das Harz auf den Boden, hat sich der Tropfen verformt. Wurde der Tropfen noch einmal von einem Harzfluss umgeben, entstand ein Stalaktitentropfen, den wir heute noch im Bernstein bewundern können. Fiel der Tropfen ab und nur der Harzfaden blieb übrig, der wiederum noch einmal von Harz umflossen wurde, ergab sich eine sogenannte Nadel im Bernstein.

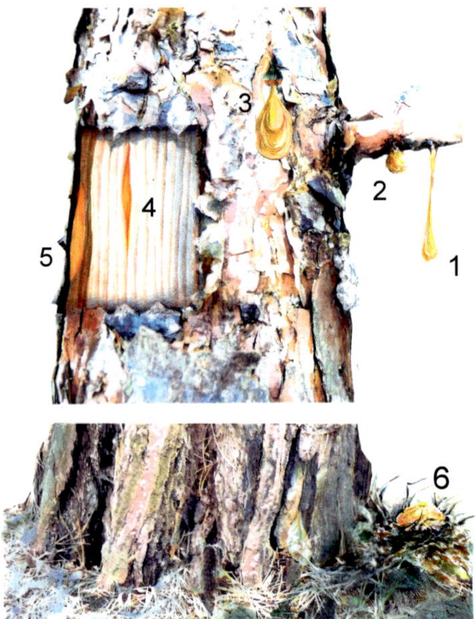

1 Stalaktit mit Endtropfen
2 Tropfen
3 Schlaubenschichten
4 Rissfüllung
5 Harztasche unter der Borke
6 Harzkissen

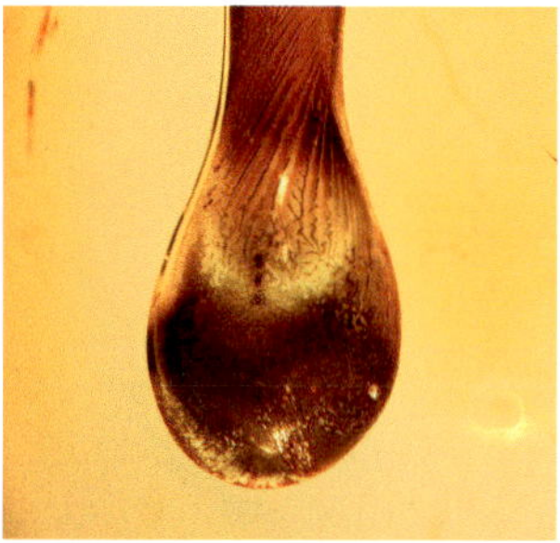

Kein Bernsteintropfen sieht aus wie der andere.

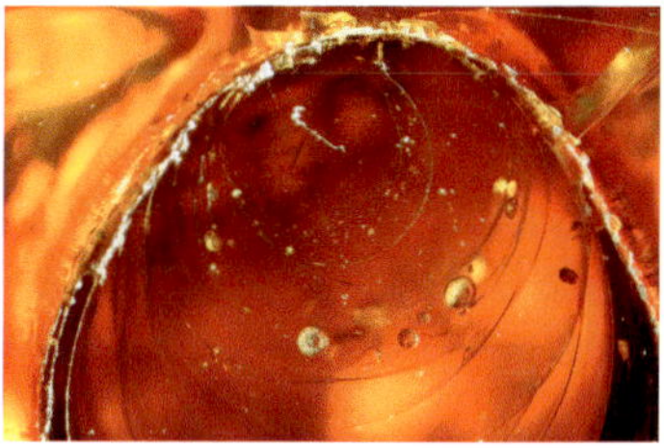

Schlaubenbernstein und Querschnitt

Floss eine Harzschicht auf der Rinde in mehreren Harzschüben über die andere, entstand daraus eine Schlaube. Dieses sind Bernsteine, in denen man am häufigsten sogenannte Einschlüsse, also z.B. im Innern eingeschlossene Insekten, findet. Harzt ein Baum in einen beim Wachstum entstandenen Riss, entstehen z.T. große Harztaschen, deren Innenseiten häufig konkav und die Außenseiten konvex geformt sind. Läuft viel Harz den Stamm hinunter oder tropft auf den Boden, entstehen dort sogenannte Harzkissen, die bis ins Wasser hineinreichen können.

Konvexe Außenseite des ehemaligen Harzflusses

Konkave Innenseite

Eigenschaften

Damit ich Verwechslungen vermeiden kann und nicht auf Fälschungen hereinfalle, muss ich die Eigenschaften des Bernsteins genau kennen. Bernstein hat Eigenschaften, die in dieser Kombination bei keinem anderen Material zu finden sind.

Von alters her ist bekannt, dass Bernstein brennt. Sogar die Namensgebung ist so zu erklären: Im Niederdeutschen heißt brennen „börnen“ und Stein „Steen“, also „Börnsteen“ = „Brennstein“, woraus dann (falsch übersetzt) Bernstein wurde. Im Altdeutschen hieß der Bernstein „Agtstein“ oder „Ait Stein“, vom altdeutschen Verb „aiten“ = „brennen“. Im Holländischen heißt Bernstein „Barnsteen“ oder „Brandsteen“, im Schwedischen „Bärnsten“, im Polnischen „Bursztyn“ usw., der Name hat also überall dieselbe Bedeutung.

Die Römer nannten den Bernstein „electrum“, die Griechen „electron“. Dies erklärt sich aus einer weiteren Eigenschaft: Reibt man Bernstein auf Wolle, dann kann man Watte oder einen kleinen Papierschnipsel damit aufheben, er wird elektrostatisch angezogen.

Es folgt eine Zusammenstellung der wichtigsten Eigenschaften:

Die **Härte** beträgt 2 bis 3 auf der 10-teiligen Mohsschen Härteskala, es handelt sich also um ein recht weiches Material, das sich gut mit einfachen Mitteln bearbeiten lässt (schleifen, bohren, sägen).

Die **Dichte** liegt zwischen 1,05 bis ca. 1,1 Gramm pro Kubikzentimeter. Bei starkem Bläschengehalt (oder beim Knochenbernstein) kann die Dichte sogar unter 1 sinken. Damit schwebt dieser Bernstein im Wasser oder treibt sogar auf. Je salziger das Wasser ist, desto schwerer ist es auch. Entsprechend leichter ist der Bernstein im Vergleich zum Salzwasser. Je kälter das Wasser ist, desto größer ist seine Dichte. Seine maximale Dichte erreicht das Wasser bei exakt 4 Grad Celsius, weshalb der Bernstein unter diesen Bedingungen im Verhältnis am leichtesten ist und am besten aus dem Wasser an den Strand gespült werden kann – Winterzeit!

Schmelzpunkt: Einen fest bestimmbaren Schmelzpunkt besitzt Bernstein nicht. Bei ca. 170 Grad Celsius wird er schon weich und formbar, so dass man aus Bernsteinresten Pressbernstein herstellen kann. Oberhalb von 300 Grad schmilzt der Bernstein und zersetzt sich dabei, kann also nicht wieder zu richtigem Bernstein abkühlen.

Bernstein enthält viele **flüchtige Bestandteile**, z. B. ätherische Öle, die im Laufe der Millionen Jahre zwar z. T. herausgedunstet, aber immer noch im Bernstein vorhanden sind. Deshalb riecht Bernstein beim Schleifen so angenehm harzig, ein Indiz für Naturbernstein. Gepresster Bernstein, erhitzter bzw. autoklavierter Bernstein riecht beim Schleifen viel weniger bis gar nicht, weil die flüchtigen Stoffe entwichen sind.

Der **elektrische Widerstand** des Bernsteins ist sehr hoch. Deshalb wird er auch heute noch als Isolator in Spezialgeräten eingesetzt; meist wird dafür Pressbernstein benutzt.

Bernstein verhält sich **elektrostatisch**: Etwas an Wolle gerieben, lädt sich der Bernstein elektrostatisch auf und zieht z. B. Wattebäuschchen oder Papierschnitzel an.

Bei **UV-A-Bestrahlung** (also „Schwarzlicht" mit einer Wellenlänge zwischen 315 und 380 nm, das auch in der Disco verwendet wird) leuchtet Naturbernstein ohne Verwitterungskruste etwas bläulich, älterer Bernstein leuchtet eher olivgrün. Es gibt Bernsteinarten, wie einige dominikanische Bernsteine, die unter Schwarzlicht intensiv blau leuchten.

Die **Infrarotspektroskopie** lässt eine sichere Unterscheidung zwischen Succinit (dem „normalen" Baltischen Bernstein) und anderen fossilen Harzen zu. Die mit dieser Methode gewonnenen IR-Spektren sind für jede Harzart verschieden und stellen damit sozusagen ihren Fingerabdruck dar.

Löslichkeit: Bernstein ist weitgehend beständig gegen organische Lösungsmittel, ein Riesenvorteil für den Bernsteinsammler. Benzin, Lösungsmittel, Benzylbenzoat usw. hinterlassen auch nach vielen Stunden Einwirkungszeit keine sichtbaren Spuren. Auch starke Säuren wie z. B. 50-prozentige Schwefelsäure und starke Laugen bleiben auch bei längerer Einwirkungsdauer ohne Einfluss auf den Bernstein.

Beständigkeit: Farbveränderungen, „Krakel"-Bildung (d.h. Risse auf der Oberfläche), Verwitterungsrinde, Alterung sind Stichworte zu diesem Thema und kommen in dieser Form nur beim Bernstein vor.

Mit diesem Wissen fällt es nun leicht, Bernstein zu erkennen und **Fälschungen** zu **entlarven**!

Geruchstest

Immer wieder, wenn ich Rohbernstein schleife, bin ich fasziniert von seinem Geruch. Einige schnelle, kräftige Schleifbewegungen auf dem groben Vorschliffpapier, und schon werden ätherische Öle freigesetzt, ein Geruch fast wie im sommerlichen Kiefernwald. Auch beim schon fertig polierten Naturbernstein tritt dieser Effekt auf, wenn man ihn weiter schleift. Hitze- und druckbehandelter Bernstein zeigt diesen Geruch kaum noch.

Bernstein brennt und riecht beim Anzünden aromatisch harzig, Plastik hingegen stinkt! Nun muss man nicht gleich sein fragliches Stück verbrennen, um die Echtheit zu testen. Eine mit dem Feuerzeug an der Spitze zum Glühen gebrachte Nadel kann an einer „unschädlichen" Stelle (z.B. bei Schmuckstücken in der Bohrung) an den Bernstein gehalten werden, während man gleichzeitig schnuppert. Probieren Sie

es einfach mal aus, etwas Erfahrung braucht man allerdings. Der geübte „Schnupperer" lässt die Feuerzeugflamme nur über den Bernstein streichen und erkennt ihn sofort am Geruch.

Elektrostatik

Bernstein lädt sich beim Reiben an Wolle statisch auf und zieht Papierschnitzel an. Achtung: Auch einige Plastiksorten zeigen ansatzweise ähnliche Eigenschaften.

Verwitterungsspuren

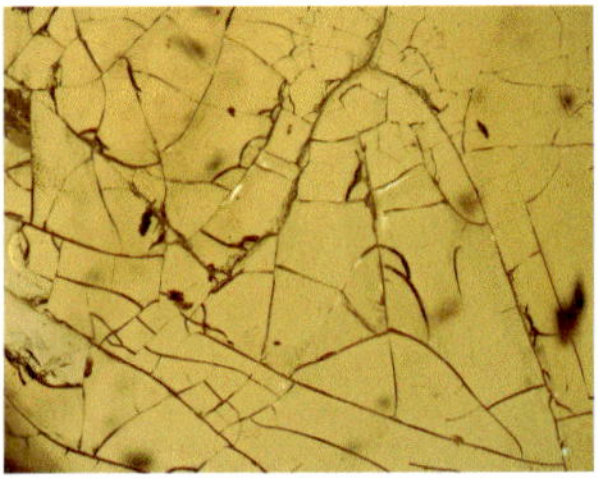

Alternder Bernstein zeigt auf der Oberfläche krakelige Risse (wie bei lehmigem Boden, der trocknet und aufreißt), Plastik nicht. Das ist anfangs nur bei starker Vergrößerung zu erkennen, man muss eine mindestens 10-fach vergrößernde Lupe benutzen! Alternder Bernstein hat eine „Patina" bekommen, d. h. ist stark nachgedunkelt. Bernsteinfarbener Kunststoff zeigt diese Alterung nicht.

Salzwassertest

Bernstein schwimmt im Salzwasser.

Bernstein ist leichter als Plastik und schwimmt oder schwebt in Salzwasser bestimmter Konzentration: Lösen Sie 15 g Salz in einer Tasse Wasser (100 ml), 150 g Salz auf ca. 1 Liter Wasser! Ich habe auf meinen Streifzügen über Floh- und Antikmärkte immer ein kleines Gefäß mit Salzwasser dabei, ein zweites mit klarem Wasser zum Spülen und einen Lappen zum Abtrocknen. So habe ich beispielsweise schon so manche vermeintliche Bernstein-Zigarettenspitze als Plastikspitze entlarvt.

Pressnähte

Pressnähte identifizieren einen vermeintlichen Bernstein untrüglich als Fälschung. Auch „Pressbernstein" (oder autoklavierter Bernstein), der echter Bernstein ist, hat nie Pressnähte, wie man sie bei gefälschten bernsteinfarbenen Plastikkugeln oder Perlen findet.

Sternhaare

Sternhaare der Eiche (sternförmig ausgebildete Pflanzenhaare) kommen in dieser Form nur im Baltischen Bernstein vor.

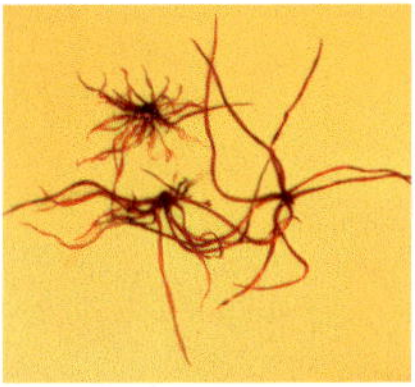

Sternhaare

Verlumungsspuren

Sind im Bernstein Einschlüsse enthalten, dann betrachten Sie beide Seiten des Steins! Sind auf der einen Seite des Insekts Verlumungen zu erkennen, dann ist es ganz sicher Bernstein.

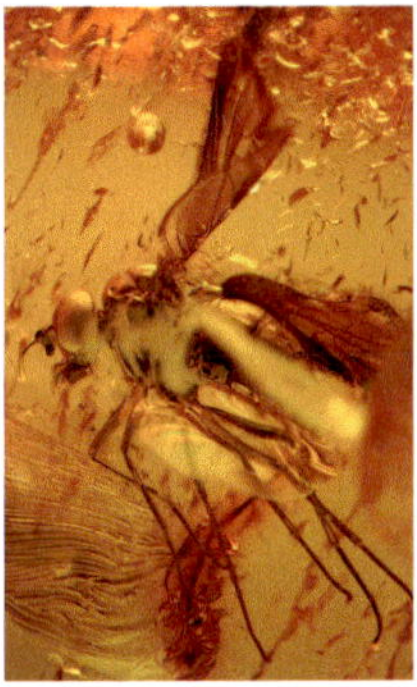

Verlumte Fliege

Acetontest

Tauchen Sie ein Wattebäuschchen o. Ä. in Aceton (Nagellackentferner) und reiben Sie damit auf der Oberfläche des Bernsteins. Er darf nicht schmieren oder sich lösen! Bernstein ist gegenüber Aceton resistent, junge Harze wie Kopal oder einige Kunstharze nicht, sie werden angelöst und schmieren.

Stein oder Bernstein?

Bei größeren Stücken merkt man es schon am Gewicht, kleinere Stücke können Sie an die Zähne klopfen oder an den Zähnen reiben. Ein Stein „klackt" hart, und es fühlt sich sehr unangenehm an, Bernstein dagegen erscheint weich.

Verwechslungen

Auch der erfahrene Sammler lässt sich manchmal täuschen und greift nach einem nur vermeintlichen Bernstein. Es gibt verschiedene Objekte, die Bernstein täuschend ähnlich sehen, die sogenannten „Blender".

Gelblicher Stein, genauer: eisenschüssiges Quarz-Geröll (Quarz-Kieselstein): Hier möchte man doch zugreifen und einen großen Bernstein in den Händen halten!

Abgerundete Bruchstücke von gelbem Bauschaum, abgeschliffene gelbliche Glasscherben oder Plastikteile können auf den ersten Blick und vor allem aus größerer Entfernung in die Irre führen, ebenso Apfelsinenschalen.

Bruchstücke vom gelbbraunen Blasentang können auf größere Entfernung einem Bernstein ähneln. Auch einzelne Eikapseln der Wellhornschnecke täuschen oft den Bernsteinsucher.

Gefährliche Verwechslungen: Phosphorstücke

Nicht jede Verwechslung ist so harmlos wie eine Apfelsinenschale. Auch Phosphor kann dem Bernstein manchmal zum Verwechseln ähnlich sehen. Eigentlich ist er ein für das Leben wertvolles, unersetzliches Element, das in der Erbsubstanz vorkommt und im ATP wichtig für die Energieversorgung unseres Körpers ist. Weißer Phosphor aber ist hochgiftig.

In letzter Zeit mehren sich Berichte über Strandbesucher, die Verletzungen durch weißen Phosphor davongetragen haben. Es gab Vorfälle an der Nordsee, am Plöner See und an der Ostsee. So wurde in Usedom im Zweiten Weltkrieg die Heeresversuchsanstalt für

Raketenforschung Peenemünde u.a. mit Phosphorbrandbomben bombardiert. Im Wasser landende Bomben detonierten häufig nicht und lagern seitdem auf dem Ostseegrund. Durch die zunehmende Verwitterung der Bomben wird der gefährliche Phosphor freigesetzt und an den Strand gespült. Meist ist der Phosphor mit anderen Bomben-Inhaltsstoffen verklebt (Kunstharz bzw. Kautschuk) und ähnelt sehr stark dem Bernstein – in Aussehen, Oberflächenstruktur und Gewicht. Selbst ein erfahrener Bernsteinsammler kann getäuscht werden. Das Bild auf dieser Seite zeigt vier Bernsteine und einen Phosphorklumpen – doch lässt sich kaum ausmachen, welches Stück nun der Phosphor ist. Selbst ein erfahrener Bernsteinfachmann kann dies anhand des Fotos nicht erkennen.

Haben Sie eine Vermutung, welches Stück kein Bernstein ist?

Doch was ist so gefährlich daran, versehentlich weißen Phosphor zu sammeln? Das Element ist wasserunlöslich und überdauert im Wasser nahezu unbegrenzt – und es gehört zu den giftigsten Stoffen, die es gibt. Erst wenn der Phosphor trocknet – beispielsweise in der Hosentasche –, entzündet er sich von selbst und brennt mit Temperaturen über 1000 Grad Celsius. Schwerste Verbrennungen sind die Folge.

Wie verhindere ich Verletzungen?

- Tragen Sie Funde nie am Körper, sondern legen Sie sie in ein Metallgefäß!
- Verzichten Sie in Gefährdungsgebieten auf das Bernsteinsammeln!

Was ist zu tun, wenn sich Phosphor am Körper entzündet?

- Gehen Sie sofort ins Wasser und halten Sie die betroffene Stelle unter Wasser!
- Streifen Sie den klebrigen Phosphor von der Haut ab! Verwenden Sie dafür beispielsweise ein Handtuch, aber nicht die Hände, da diese dann auch verletzt werden können!
- Bedecken Sie die betroffene Körperstelle, die noch Phosphorreste tragen kann, mit feuchtem Sand!
- Verbinden Sie die betroffene Körperstelle provisorisch und halten Sie den Verband feucht!
- Suchen Sie bei Verletzungen sofort ein Krankenhaus auf!

Die besonders gefährdeten Gebiete sind die Strände vom Peenemünder Haken südöstlich bis Zinnowitz, mit Schwerpunkt im Gebiet Trassenheide. Von den betroffenen Gemeinden auf Usedom werden seit 2009 Warnschilder aufgestellt. Um die Touristen nicht zu verschrecken, werden diese Schilder aber nicht überall aufgestellt und meist etwas zurückgesetzt.

Warnschild auf Usedom

Fälschungen

Die meisten Fälschungen werden mit bernsteinfarbenem Kunstharz hergestellt, sowohl große „Bernsteine“ als auch Einschlüsse im vermeintlichen „Bernstein“ kommen vor. Manchmal weist die Bezeichnung „Wie Bernstein“ darauf hin, dass es sich nicht um einen echten Bernstein handelt. Gerade im Internet, wo man nur anhand von Fotos und Beschreibungen kauft, ist die Gefahr groß, auf Fälschungen hereinzufallen. Der Preis kann Hinweise geben: Wird ein Großbernstein für unter 1 Euro pro Gramm angeboten, dann ist Vorsicht geboten! Werden seltene Einschlüsse wie z.B. ein Skorpion, eine Eidechse oder eine große geflügelte Heuschrecke unter 1000 Euro angeboten, dann kann heutzutage davon ausgegangen werden, dass irgendetwas nicht stimmt.

Einschlüsse können so geschickt gefälscht werden, dass selbst der Kenner auf den ersten Blick, ausgerüstet nur mit einer Lupe, darauf hereinfallen kann. Ein Beispiel: Auf einen oben leicht konkav gewölbten echten Bernstein wird ein bernsteinfarbenes Kunstharz aufgetragen,

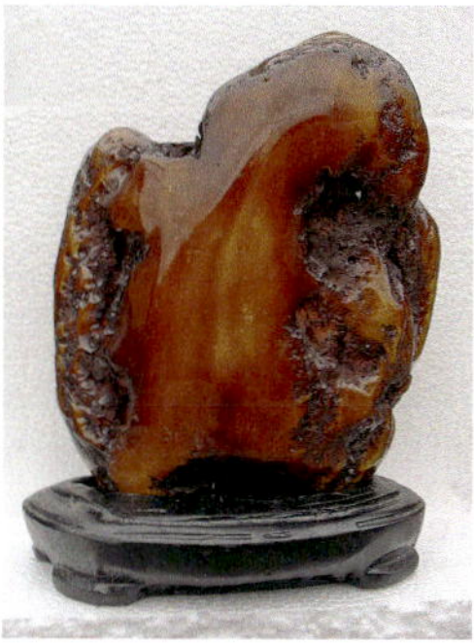

Großbernstein-Fälschung, täuschend echt

Fälschung eines Einschlusses: zum Verwechseln ähnlich

worin ein Insekt eingebettet ist. Solch eine Fälschung ist am einfachsten mit dem Salzwassertest zu entlarven. Interessanterweise dreht sich der Bernstein im Salzwasser so, dass die Kunstharzseite nach unten zeigt, und geht dann unter; denn Kunstharz ist schwerer als Bernstein. Auch der Test mit der heißen Nadel hilft: Kunstharz stinkt und riecht nicht harzig aromatisch.

Begriffsbestimmungen

Naturbernstein

Der sogenannte Naturbernstein ist ein natürlich belassener Bernstein, der keinen chemischen oder physikalischen Veränderungen unterworfen wurde. Er hat seine ursprüngliche Farbe und Konsistenz behalten und ist nur mit mechanischen Mitteln bearbeitet worden (Schleifen, Schneiden, Trommeln, Polieren usw.). Naturbernstein riecht beim Schleifen aromatisch harzig, weil dabei u. a. ätherische Öle freigesetzt werden.

Echter Bernstein

Der echte Bernstein ist ein Bernstein, dem keine weiteren Zusätze zugegeben wurden, der also ausschließlich ursprünglichen Naturbernstein als Ausgangsmaterial hatte, dann aber behandelt wurde. Begriffe, die hierzu passen, sind „geklärter" bzw. „erhitzter" oder „gekochter" Bernstein, „autoklavierter" Bernstein oder „Pressbernstein". Bei diesen Bernsteinen haben sich viele Inhaltsstoffe verflüchtigt, daher riechen sie beim Schleifen nicht mehr so aromatisch harzig.

Geklärter bzw. erhitzter oder gekochter Bernstein

Bei dieser Methode wird Bernstein im Ölbad oder im Backofen so weit erhitzt, dass er Trübungen ganz oder teilweise verliert. Der Bernstein wird dabei ab 150 Grad Celsius zwischenzeitlich weicher, erhält nach Abkühlung aber seine Festigkeit wieder. Im Backofen erhitzter Bernstein bekommt manchmal bei einer bestimmten Temperatur sogenannte „Sonnenflinten", auch „Blitzer" oder „Goldene Blättchen" genannt.

Pressbernsteinstäbe

Pressbernstein, auch rekonstruierter Bernstein genannt

Bernsteinreste, Bernsteinpulver und kleinere Bernsteine können in einem speziellen Gerät so stark zusammengepresst werden, dass sie bei diesem hohen Druck und der entstehenden Hitze zu einer einheitlichen Bernsteinmasse verschmelzen. Es entwickeln sich Bernsteinstäbe oder Bernsteinplatten, aus denen man z. B. Perlen drehen oder Zigarettenspitzen fertigen kann. Auch in der Elektroindustrie fand Pressbernstein als Isolator Verwendung. Voraussetzung für Pressbernstein einheitlicher Farbe ist ein gutes Vorsortieren nach Farbe und das Entfernen von Verunreinigungen, Krusten usw.

Pressbernstein-Maschine

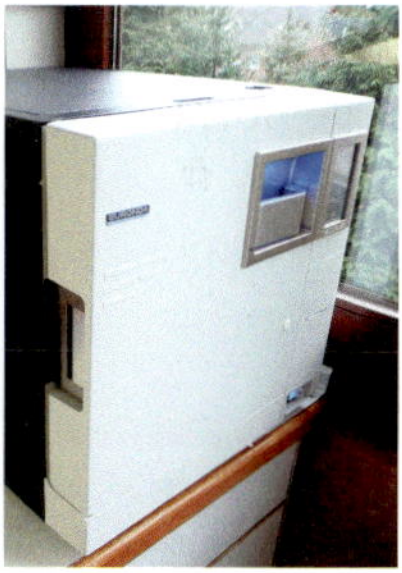

Autoklav

Autoklavierter Bernstein

In einem Autoklav kann ein sehr hoher Druck aufgebaut werden, dabei entsteht auch große Hitze. Industriell werden Autoklaven z. B. zum Sterilisieren von chirurgischen Bestecken verwendet. Für das Autoklavieren von Bernstein benutzt man Drucke um 25 atm. Der Bernstein wird zwischenzeitlich so weich, dass Luftbläschen entweichen können und trüber Bernstein klar wird (geklärter Bernstein). Auch Risse und Flinten können verschwinden. Nach dem Abkühlen hat der Bernstein eine höhere Festigkeit, aber auch eine andere Farbe. Bestimmte Grau- und Grüntöne entstehen nur durch diese Methode, diese Farben gibt es bei Naturbernstein nicht. In der Schmuckindustrie ist der autoklavierte Bernstein sehr beliebt, weil er zum einen sehr klar ist, zum anderen bestimmte gewünschte

Farben bekommen kann. Nicht zuletzt ist der autoklavierte Bernstein viel fester und dadurch besser zu bearbeiten.

Modifizierter Bernstein

Dieses ist ein neuerer Begriff der Schmuckbranche und fasst alle behandelten Bernsteine zusammen, die keine Naturbernsteine mehr sind, aber keine anderen Zusätze enthalten.

Verbundener Bernstein

Kleinere Bernsteine können durch bernsteinfarbiges Kunstharz verbunden, d.h. zusammengeklebt werden. Daraus werden dann Kugeln, Eier, aber auch Schmuck hergestellt.

„Echt Bernstein"

Die Bezeichnung „Echt Bernstein" ist sehr schwammig. Sie sagt nur aus, dass Bernstein in irgendeiner Form enthalten ist.

Fälschungen aus reinem bernsteinfarbenem Kunstharz tragen manchmal die Bezeichnung „Wie Bernstein".

Gesetz zum Schutz des Begriffs „Bernstein"

Dieses Gesetz wurde im Reichsgesetzblatt Nr. 48 im Jahre 1934 geschaffen und schützt den Begriff „Bernstein". Ein Produkt aus Bernstein darf demnach keine nachahmenden Zusätze enthalten. Dieses Gesetz überdauerte bis in die Bundesrepublik hinein und wurde erst im Jahre 2005 überarbeitet, um dann 2006 aufgehoben zu werden. Auf ein spezielles Gesetz zum Schutz des Begriffs „Bernstein" konnte verzichtet werden, weil an anderer Stelle Regelungen geschaffen wurden (z.B. in der CIBJO, einer internationalen Vereinigung, die sich selbst als die „Vereinten Nationen der Schmuckbranche" beschreibt).

Bernstein sammeln

Was meint die Überschrift „Bernstein sammeln"? Wir denken zunächst an das Aufsammeln des Bernsteins, aber gemeint ist hier das Anlegen einer Bernsteinsammlung. Dabei eröffnet sich ein weites Sammelfeld, denn man kann sich auf einiges spezialisieren: Ich kann die Bernsteinfunde meiner Urlaube sammeln, ich kann aber auch Einschlüsse im Bernstein sammeln, mich auf verschiedene Farbvarianten spezialisieren, auf Bernsteinschmuck und vieles mehr, das im Folgenden näher vorgestellt wird.

Ausbeute sammeln

Jeder Sammler fängt einmal ganz vorne an. Ich kann mich zum Beispiel genau erinnern, wann ich Bernstein zu meinem Hobby gemacht habe. Nachdem meine Frau und ich aus gesundheitlichen Gründen unseren geliebten Badmintonsport aufgeben mussten, kam der Dänemarkurlaub 1989. Nun ohne gemeinsames Hobby, war die Stimmung gedrückt, und wir überlegten, was wir die nächsten Jahre als gemeinsames Interesse haben könnten. Wir standen vor einem Bernsteinladen, ich schaute mir interessiert eine Mücke im Bernstein an, die hinter einer Standlupe gut sichtbar war, meine Frau betrachtete die wunderschönen Bernsteinfarben. Und in dieser Minute sagte meine Frau: „Ich hab's – Bernstein; für dich als Biologen die Insekten im Bernstein und für mich als Liebhaberin schöner Steine dieses Gold des Meeres!" Von da an drehte sich alles nur noch um ihn.
Nicht jeder fängt so verrückt und intensiv an, wie wir es getan haben. Meist beginnt es mit dem Sammeln der Urlaubsfunde, wenige Gramm in kleinen Glasröhrchen, trotzdem stolz und sauber beschriftet. Nach den

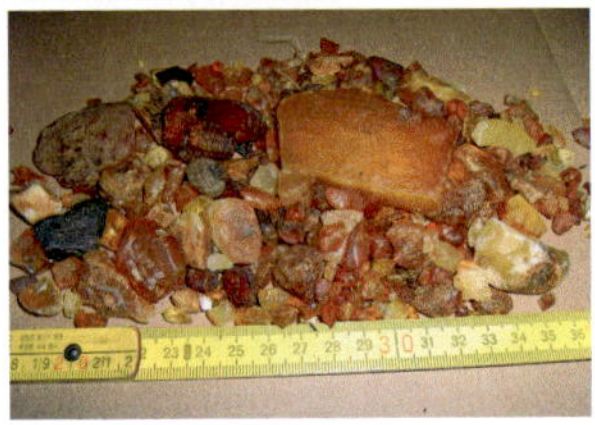

Oft beginnt das Sammelfieber ganz harmlos, doch bald wächst die Sammlung immer schneller.

ersten Funden wird der Urlaub häufig so gelegt, dass die Chance besteht, Bernstein zu finden – zur richtigen Zeit und am richtigen Ort.
Ein möglicher Sammelschwerpunkt könnte das Sammeln von allen denkbaren Bernsteinformen und Bernsteinfarben sein (siehe das vorhergehende Kapitel).

Besondere Bernsteine

Manch ein Sammler möchte sich auf ganz besondere Bernsteine spezialisieren. Der oben auf Seite 71 abgebildete große Seebernstein muss längere Zeit ruhig im Wasser gelegen haben. Er zeigt einen starken Seepockenbewuchs. Solch ein Bernstein ist auf den ersten Blick manchmal nicht einmal mehr als Bernstein zu erkennen. Andere Bewüchse des Meeres können kleine

Kalkröhrenwurm auf Bernstein

Ein von Seepocken bewachsener Bernstein

Moostierchen-Kolonien oder die Gehäuse von Kalkröhrenwürmern sein. Dieses sind Oberflächenveränderungen jüngerer Zeit.

Kleine Moostierchen, sogenannte Bryozoen

Holzfaserabdruck

Auch vor über 40 Millionen Jahren kann auf der Oberfläche des Harzes eine heute noch sichtbare Veränderung eingetreten sein, wenn z. B. ein Farnblatt seine Struktur in das noch nicht gehärtete Harz gedrückt hat. Oder wir finden Abdrücke des Holzes, über das das Harz geflossen ist. Sogenannte „Hühnergötter" gibt es nicht nur bei Flintsteinen, auch beim Bernstein können Löcher auftreten. Sie entstehen, wenn z. B. eingeschlossene Äste oder Kiefernnadeln verwittern und nur noch der Kanal übrig bleibt.

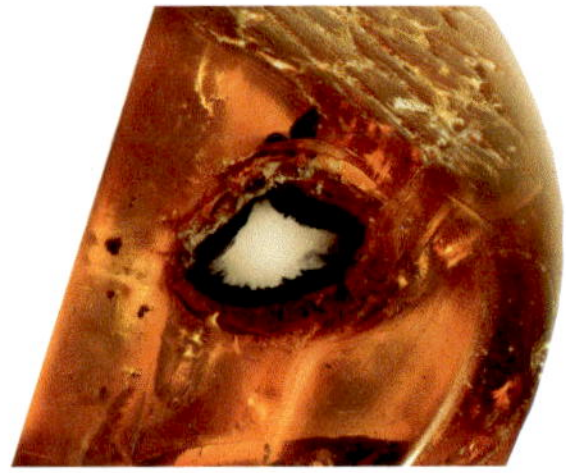

Farnabdruck *Kiefernnadel-Querschnitt*

Bernsteineinschlüsse (Inklusen)

Eine weitere mögliche Spezialisierung der Sammelleidenschaft besteht darin, nur Einschlüsse zu sammeln. Aber wie entstehen Bernsteineinschlüsse? In einem Satz formuliert: Das Lebewesen muss vor langer Zeit ins Harz geraten und dieses unter günstigen Umständen zu Bernstein geworden sein. Nicht jeder Einschluss ist so spektakulär wie der auf Seite 73 abgebildete Großflügler (Megaloptera). In diesem Falle treffen mehrere glückliche Umstände zusammen: Erstens ist der Bernstein groß und schön, zweitens ist ein sehr selten vorkommendes Insekt eingeschlossen, drittens ist der Einschluss unbeschädigt und perfekt erhalten, viertens gibt es Beifänge (Syninklusen) als schönen Größenvergleich, und nicht zuletzt wirkt der Bernstein ästhetisch, weil in der einen Hälfte viel dunkle Humuserde eingeschlossen ist.

Aber auch eine kleine Zuckmücke oder Langbeinfliege kann faszinieren, vor allem, wenn man den Bernstein selbst gefunden und geschliffen hat. Ein solcher Fund kommt aber leider nicht häufig vor, denn im Durchschnitt enthält nur jeder hundertste Bernstein einen Einschluss und nur jeder tausendste einen sehr gut erhaltenen. So muss der Sucher von Einschlüssen nicht nur am

Strand sammeln, sondern auf Mineralienmessen und -märkte gehen, um dort hoffentlich fündig zu werden. Auf diese Weise kann man sich relativ schnell eine beachtliche Sammlung aufbauen.

Verschiedene Harzproduzenten

Auch auf die unterschiedlichen Harzproduzenten kann man sich beim Anlegen einer Bernsteinsammlung konzentrieren. Der Bernsteinwald war ein vielseitiger subtropischer Mischwald und erstreckte sich über Tausende Kilometer. So gab es sicher auch tiefer und höher gelegene Areale, die einen unterschiedlichen Baumbewuchs aufwiesen. Es gab Kiefern, Eichen, Buchengewächse, Zypressen und viele andere Baumfamilien. Der aus dem Harz der Kiefer entstandene Bernstein wird **Succinit** genannt, weil er Bernsteinsäure enthält. Er macht weit über 90 Prozent des Baltischen Bernsteins aus.

Neben den Hauptproduzenten des Harzes gab es auch andere Harzproduzenten in geringerem Umfang. Von ihnen stammen die sogenannten akzessorischen Harze. Dazu zählt der **Glessit**, eine Bernsteinart, die sich grundlegend vom „normalen" Baltischen Bernstein, dem Succinit, unterscheidet und mit einem Anteil von wenigen Prozent zusammen mit dem Succinit gefunden wird. Zu erkennen ist diese Bernsteinart an der typischen Feinstruktur, die man bei 25-facher und 100-facher Vergrößerung der Oberfläche erkennt. Außerdem ist Glessit nicht so gut zu schleifen und eignet sich daher kaum für die Schmuckherstellung. Der ursprüngliche Harzlieferant soll aus der Familie der Burseraceae (Balsambaumgewächse) stammen, heute in den tropischen Regionen weit verbreitet.

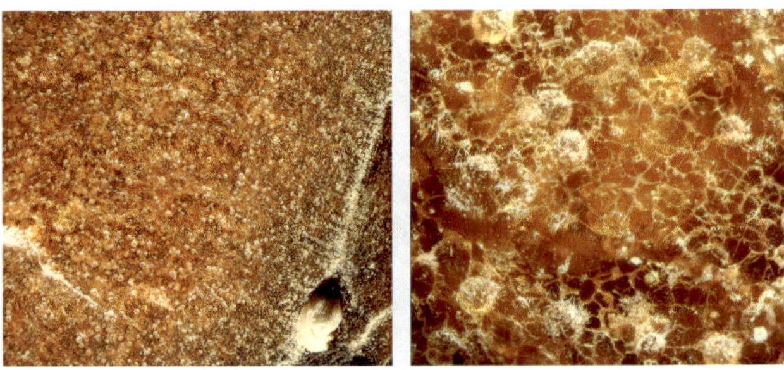

Typische Feinstruktur eines Glessits

Die Bernsteinvariante namens **Gedanit** kommt regelmäßig, aber in geringen Mengen vor. Es ist ein spröder Bernstein, der auf den ersten Blick wie ein Succinit aussieht, aber keine Bernsteinsäure enthält. Sein Harzlieferant soll der sogenannte *Cupressospermum saxonicum* sein. Der Gedanist ist brüchig und schlecht zu schleifen und wird deshalb für die Schmuckherstellung kaum verwendet.

Glessit

Gedanit

Es werden viele weitere akzessorische Harze beschrieben, gesicherte Erkenntnisse über die harzliefernden Baumarten gibt es aber nicht.

Fundorte in aller Welt

Sie möchten in Ihrer Sammlung Bernsteine von möglichst vielen verschiedenen Fundorten haben? Eine gute Idee! Werfen wir einen Blick in die weite Welt. Es gibt mittlerweile weit über 200 verschiedene Orte mit Bernsteinvorkommen überall auf der Welt. Einige der Hauptvorkommen sind in Spanien, der Schweiz, in der Dominikanischen Republik, in Mexiko, Myanmar und auf Borneo zu finden. Hier tut sich ein weites Sammelfeld auf!

Es gibt weit über 200 bekannte Orte mit Bernsteinvorkommen auf der Welt. Hier Bernsteine aus ...

... der Ukraine

... der Schweiz

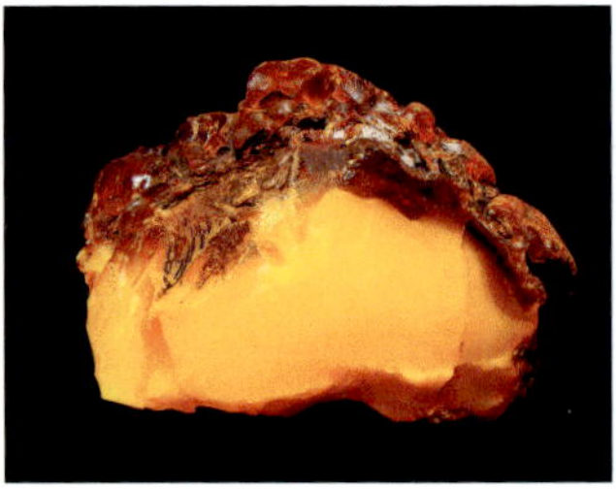

... Deutschland

... Costa Rica

... Jordanien

... Myanmar

Gebrauchsgegenstände aus Bernstein

Bernstein ist weich genug, um ihn leicht bearbeiten zu können, und doch hart genug, um auch Gebrauchsgegenstände aus ihm zu fertigen.
Auf Flohmärkten, Antikmärkten, Messen und in Internetbörsen finden wir immer wieder interessante Gegenstände. Manch ein Sammler spezialisiert sich hierauf. Es gibt Zigaretten- und Zigarillospitzen, Zigarettenhalter, Zigarrenknipser, Pfeifen, Aschenbecher, Feuerzeuge, Hutnadeln, Haarspangen,

Puderdöschen, Schmuckkästchen, Federhalter, Tintenfässchen, Manschettenknöpfe und vieles mehr.

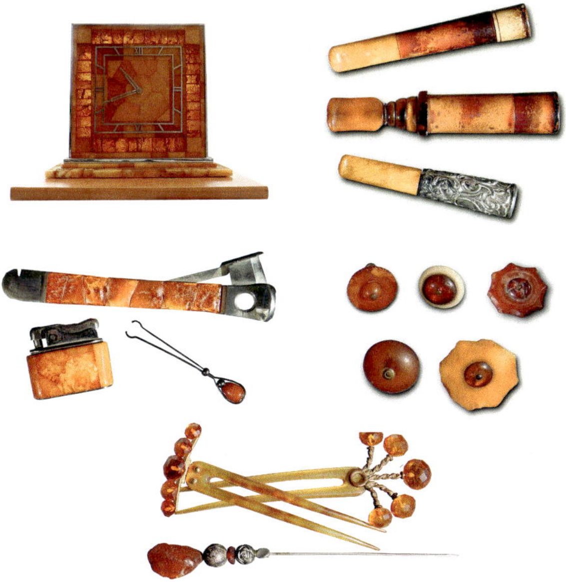

Verschiedene Gebrauchsgegenstände aus Bernstein

Bernsteinkunst

Der Beruf des Bernsteindrechslers ist ein eigenständiger Beruf, es gibt ihn schon seit über tausend Jahren. Heute sind nur noch ganz wenige Menschen zu finden, die diesen Beruf ausüben.

Bernsteinschnitzer und Bernsteinkünstler gibt es noch viele, wobei es schwer ist, die Grenze zwischen Handwerkskunst, Kunsthandwerk und Kunst zu ziehen. Die Produkte sprechen für sich, und bei einigen Arbeiten muss man sicher von Kunst sprechen.

Auch hier tut sich ein weites Sammelfeld auf: Manch einer sammelt ausschließlich aus Bernstein geschnitzte Tiere und kann einen umfangreichen Zoo vorweisen. „Uwe's Bernsteinzoo" mit 400 Tieren und 200 verschiedenen Arten kann man auf der Insel Föhr bewundern. Erstaunlich ist, dass der Preis für Schnitzereien häufig nach Gramm berechnet wird. Denn beim Schnitzen einer Figur muss man von einem sehr viel größeren Bernstein ausgehen, dessen Ursprungsgewicht manchmal das Dreifache des Gewichtes der fertigen Schnitzerei beträgt. Schnitzereien, die aus mehreren Bernsteinteilen zusammengeklebt sind, sind nicht so wertvoll wie Schnitzereien aus einem Stück.

Bernsteinschmuck

Schon die alten Ägypter und Römer faszinierte der Bernstein, und für eine Bernsteinkette wurden sogar Sklaven eingetauscht, als so kostbar wurde er betrachtet.
Alter Bernsteinschmuck ist auch heute noch sehr wertvoll und ein beliebtes Sammelobjekt. Schmuck aus vorchristlicher Zeit können sicher nur wenige Sammler ihr Eigen nennen, die meisten Stücke liegen in Museen, wo sie sicher verwahrt werden.

Auch mittelalterlicher Schmuck ist selten, vor allem vor dem Hintergrund, dass Bernstein im Laufe der Jahrhunderte normalerweise verwittert und es besonderer Umstände bedarf, damit ein Bernstein überhaupt eine so lange Zeit überdauert. Deshalb sind die meisten Sammlungsstücke höchstens hundert Jahre alt. Die sehr alten Schmuckstücke sind aus Naturbernstein hergestellt. Schon im 19. Jahrhundert begann man immer mehr mit der Klärung des Bernsteins, d. h., der für Schmuck vorgesehene Bernstein wurde im Ölbad so lange und vorsichtig erhitzt, dass er durchgehend klar aussah. Nur auf diese Weise konnten Bernsteinketten hergestellt werden, deren Bernsteine klar waren und eine einheitliche Farbe hatten. Aus diesen geklärten Bernsteinen wurden vor allem facettierte Bernsteinperlen gefertigt. Im 20. Jahrhundert ersetzte der Pressbernstein das Ausgangsmaterial für einheitlich gefärbte Ketten, jetzt im 21. Jahrhundert wird sehr viel autoklavierter Bernstein verwendet.

Der größte Baltische Bernstein

Viele Menschen lieben Superlative und suchen nach dem Klügsten, dem Schnellsten, dem Kräftigsten, dem Größten. So taucht auch die Frage auf, wie schwer die größten gefundenen Bernsteine sind. Ganz sicher existieren noch mehr Großbernsteine als diejenigen, die heute in den Sammlungen zu finden sind. Die meisten werden aber noch tief im Erdreich oder am Meeresgrund schlummern. Andere Exemplare sind beschädigt oder zerstört worden.

Die Mineralienmesse Hamburg wartet jedes Jahr mit Sonderausstellungen auf. Vor einigen Jahren waren große Bernsteine und Bernsteine aus aller Welt das Thema. Wir, einige Mitglieder des Arbeitskreises Bernstein der Universität Hamburg, halfen bei den Aufbau- und Abbauarbeiten und durften den größten noch existierenden Baltischen Bernstein in unseren Händen halten: Ganze 9750 Gramm wiegt er! Dieser Stein liegt im Museum für Naturkunde in Berlin und wurde 1890 im Kreis Cammin (Pommern) gefunden, also in der Nähe des Großen Haffs. Erstaunlich ist die sehr gute Erhaltung des Großbernsteins, die für entsprechend gute Lagerungsbedingungen in der Vergangenheit spricht.

Im Kopenhagener Bernsteinmuseum „Ravhuset“ am Kongens Nytorv ist ein Bernstein ausgestellt, dessen ursprüngliches Gewicht weit über 10 kg betragen haben soll. Leif Brost, ein schwedischer Autor zum Thema Bernstein, schreibt dazu: „ ... das bisher wohl größte gewogene Stück Baltischen Bernsteins wurde in Schweden gefunden. Ein dänischer Hummerfischer konnte es im Oktober 1969, weit von dem Fundgebiet in Schonen entfernt, an der schwedischen Westküste am Skagerrak

Dorota Golak, Mitglied im Arbeitskreis Bernstein der Universität Hamburg, mit dem größten Baltischen Bernstein

Ein Großbernstein aus dem „Ravhuset", Kopenhagen

vor Bohuslan aus dem Meer bergen. Es besaß zum Zeitpunkt des Fundes ein Gewicht von 10 478 g. Leider hat man davon etwas abgeschlagen. Jetzt wiegt es noch 8868 g. Ursprünglich befand sich dieses Exemplar im Besitz der Fischerfamilie Eigil Jensen in Gilleleje (Seeland). Später wurde es von der Bernsteinfirma Ravfehrn Kopenhagen erworben und ist seit Sommer 1994 im neu eingerichteten ‚Ravhuset' (Bernsteinhaus) am Nyhavn in Kopenhagen ausgestellt."

Immer wieder wird von Riesenbernsteinen berichtet, die in der Nord- und Ostsee gefunden wurden. Von Stücken über 50 kg, ja sogar von einem „Bernstein" von 238 kg Gewicht kann man lesen. Letzteren Fund soll die Besatzung eines Trawlers, eines Schiffes für die Hochseefischerei, aus der Ostsee geborgen haben; es stellte sich aber später heraus, dass es bloß ein Klumpen rezentes Harz bzw. Kolophonium gewesen ist.

Bernstein bearbeiten

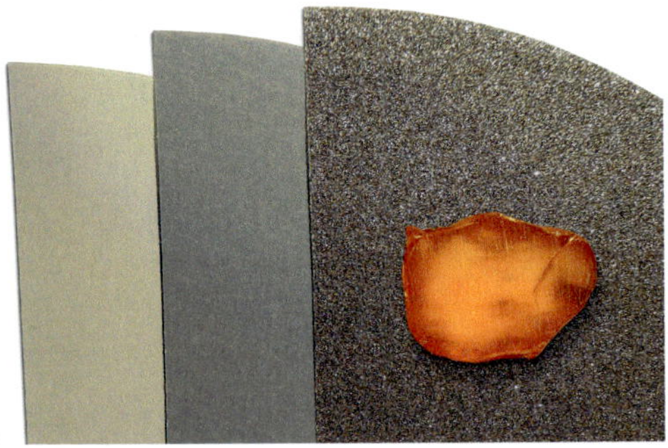

Spezial-Nassschleifpapiere

Schleifen per Hand

Für die Bernsteinbearbeitung benötigt man keine teuren Geräte. Bernstein ist ein relativ weiches Material, das sich mit handelsüblichem Schleifpapier mühelos bearbeiten lässt. Lästig und für die Atemwege sehr ungesund ist dabei aber der feine Bernsteinstaub.
Deshalb sollte man Nassschleifpapier verschiedener Körnungen benutzen, d. h., man schleift immer mit einigen Tropfen Wasser auf dem Schleifpapier. Das handelsübliche Baumarkt-Schleifpapier hat leider den Nachteil, dass es sehr schnell abnutzt. So empfiehlt es sich, ein paar Cent mehr auszugeben und ein Spezial-Nassschleifpapier zu kaufen. Es gibt aber nur sehr wenige Firmen (z. B. STRUERS), die auch feinstes Schleifpapier herstellen, das man für den Endschliff benötigt. In Baumärkten ist die Grenze meist beim 1500er-Korn erreicht – die Oberfläche des Bernsteins ist damit aber immer noch matt. Bei einer Körnung von 4000 erreichen wir

optischen Glanz, und je abgenutzter das 4000er-Spezial-Nassschleifpapier ist, desto feiner wird der Glanz! ACHTUNG: Schleift man Rohbernstein, dann sollte man ihn vorher auf jeden Fall gründlich waschen, um Sandkörner abzuspülen, die den Schleiferfolg erheblich beeinträchtigen können. Waschen Sie den Bernstein auch zwischen den Schleifgängen, ebenso wie die Hände, um Schleifkörner abzuspülen!

Schleifen mit Maschinen

Zwar bevorzuge ich das Per-Hand-Schleifen, doch wenn ich viel Bernsteinmasse abschleifen möchte, erleichtert eine Maschine die Arbeit. Solche Geräte müssen nicht teuer sein, es gibt sie für ca. 30 Euro in Baumärkten im Angebot. Am besten sind Doppelschleifer geeignet: Auf die eine Seite klebt man das entsprechende Schleifpapier, auf die andere Seite montiert man eine

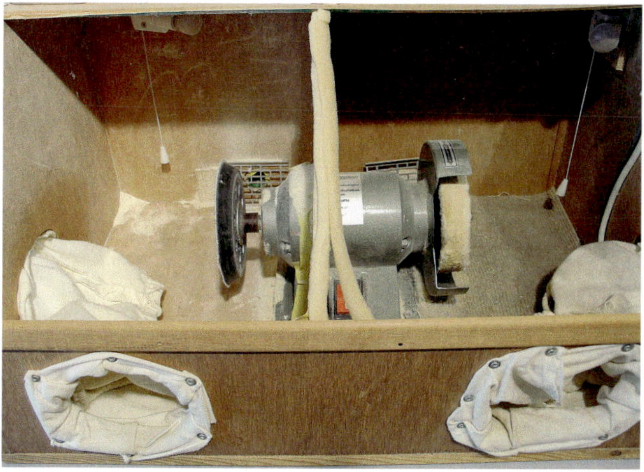

Doppelschleifer im staubdichten Kasten

Stoff-Polierscheibe, die mit etwas Poliermittel versetzt werden kann. Um die lästige Staubentwicklung im Zimmer zu vermeiden, habe ich einen Kasten um das Schleifgerät gebastelt, der auf der vorderen Oberseite mit einer Glasscheibe belegt ist und vorne und seitlich Eingrifflöcher für die Hände besitzt. Im linken und rechten Bereich sind Abzugslöcher, an die Schläuche montiert sind, die bei mir aus dem Haus herausführen und an einen Industrie-Feinstaubsauger angeschlossen sind (früher habe ich einfach einen alten Staubsauger benutzt). Vor die Abzugsöffnungen sollte man ein Gitter (Fliegendraht) montieren, sonst kann es passieren, dass der Bernstein aus Versehen im Staubsauger landet.

Polieren

Nach dem Feinschliff (mindestens 1500er-Körnung, besser noch feineres Korn) kann man den Bernstein auf Hochglanz polieren.
Reiben Sie ihn kräftig auf einem glatten Tuch mit Stahlpoliturmilch oder Zahnpasta, nachdem Sie den Bernstein vorher noch einmal gründlichst gesäubert und von Schleifkornresten befreit haben. Mit diesen Mitteln vermeidet man die lästige Schleifpaste, die sich in alle Risse und Vertiefungen setzt und den Bernstein unansehnlich macht. Dieser Polierschritt erübrigt sich, wenn man das 4000er-Schleifpapier benutzt hat.

Sägen

Wer keine teure Diamantsäge oder elektrische Bandsäge mit Wasserkühlung zur Verfügung hat, sägt mit einer kleinen Bügelsäge mit Silbersägeblättern.
Achtung: Sägen Sie langsam, sonst wird das Sägeblatt zu heiß und frisst sich fest (Bernstein schmilzt bei höheren Temperaturen). Mit etwas Geduld kann man so per

Hand auch über 1 cm dicke Bernsteine sauber durchsägen (dies erfordert allerdings etwas Fingerkraft in der „Haltehand"). Es eignen sich auch Kachelsägen aus dem Supermarkt (mit Wasserkühlung) mit sehr dünnem Sägeblatt. Als Auflage zum Sägen kann ein durchgesägtes Plastikbrett dienen.

Bohren

Beim Bohren gilt das Gleiche wie beim Sägen: Sie sollten immer wieder das Bohren unterbrechen, sonst wird der Bernstein zu heiß und der Bohrer frisst sich fest; das gilt vor allem für die normalen Spiralbohrer (Bohrer für Holz eignen sich durchaus, Eisenbohrer nutzen nicht so schnell ab).

Der Spezialist bohrt allerdings mit sogenannten Schwertbohrern, das sind schwertförmig geschliffene Bohrer, die beim Drehen viel Luft mit in den Bohrkanal ziehen und diesen dadurch gut kühlen. So kann man ohne Absetzen auch größere Bernsteine sauber durchbohren. Leider sind diese Spezialbohrer nicht im Handel erhältlich und müssen selbst gefertigt werden. Das hat man schon früher getan, als es noch keine Spiralbohrer gab. Die Slawen nannten diese Bohrer aus einer

Schwertbohrer

Eisenspitze „suerdilo", was so viel bedeutet wie „kleines Schwert". Ich habe in Jantarny/Kaliningrad gesehen, wie solche Bohrer hergestellt wurden: Von einem alten Regenschirm sägte man aus den früher noch runden Stahlstreben ca. 5-cm-Stücke, klopfte sie mit einem Hammer vorne flach und feilte eine Spitze. Die Schwierigkeit bestand darin, die Schwertseiten optimal scharf und gleichmäßig zu schleifen.
Eine ebenfalls geeignete Möglichkeit ist, eine dicke Nähnadel vorne flach zu schleifen.

Trommeln

Will man nicht nur wenige Rohbernsteine bearbeiten, sondern gleich einige Kilogramm, dann empfiehlt sich das Trommeln.
Es gibt handelsübliche Trommeln, die aber erstens sehr klein und zweitens unverhältnismäßig teuer sind. Große Trommeln sind für den Laien unerschwinglich. Statt einer Trommel kann man auch Rüttler oder Vibratoren verwenden, die allerdings geringere Schleiferfolge haben. Also ist wieder Selberbasteln angesagt!
Schließen Sie eine Waschmaschinentrommel (Vorteil: Edelstahl und nicht rostend) an einen Waschmaschinenmotor oder Ventilator-Elektromotor (oder Ähnliches) an, den man im besten Fall stufenlos regeln kann. Diese Trommel dreht sich dann in einer Wanne, in die man etwas Wasser füllt. Solche Trommeln habe ich in litauischen und russischen Werkstätten häufig gesehen, manchmal eine Reihe von bis zu zehn Maschinen.
Der auf Seite 87 abgebildete Trommelkasten benötigt nicht einmal Wasser und Schleifkörner: Er ist innen mit grobem Schleifpapier beklebt, das beim Drehen für den Abrieb am Bernstein sorgt. Nachteil: Es staubt stark.

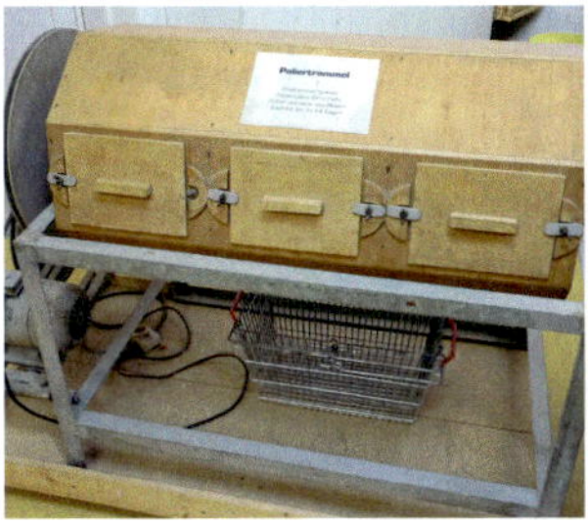

Selbst gebastelte „Profi"-Trommel und Poliertrommel

Nicht ganz so kompakt und leichter zu bauen ist die Version mit einem Scheibenwischermotor, auf den man einen ovalen 25-kg-Plastikeimer (Farbeimer) setzt. Dies eignet sich für kleinere Bernsteinmengen. Das Ganze wird schräg montiert, damit der Bernstein beim Drehen gut durcheinandergewirbelt wird.
Dem Tüftler sind keine Grenzen gesetzt, Hauptsache ist, das Gerät dreht sich langsam und der Bernstein kann zusammen mit Wasser eingefüllt werden. Es gilt: „Mut zur Lücke", aber Vorsicht mit der Elektrik!

Und was sind nun die einzelnen Trommelschritte? Genauso wie beim Schleifen, bei dem man mit grobem Schleifpapier beginnt und dann immer feineres Korn benutzt, muss man auch beim Trommeln vorgehen.
Anfangs mengt man grobe Schleifkörner unter den zu trommelnden Bernstein. Ich selbst nehme „scharfen" Sand, d.h. Sandkörner, die nicht abgerundet sind. Dann lässt man die Wasser-Sand-Bernstein-Mischung ein bis zwei Wochen trommeln (je nach Umdrehungszahl und „Schärfe" der verwendeten Schleifkörner). Zwischendurch sollte man hineinschauen und notfalls das Wasser erneuern, wenn sich zu viel Schaum gebildet haben sollte.

Die folgenden Trommelschritte sind nur bei der Verwendung von gekauften, d. h. handelsüblichen Körnern möglich. Zwischen jedem Trommelschritt muss der Bernstein gründlich gewaschen werden, damit keine groben Körner in den nächsten Schleifgang gelangen. Am einfachsten geht das mit einer großen Portion Salz, das den Bernstein in der entstandenen Brühe aufschwimmen lässt – wobei die schwereren Körner fest am Boden liegen bleiben. Es empfiehlt sich, mehrere Trommeln zu verwenden, damit man in einer Trommel immer nur mit einer Körnung arbeiten kann.
Abschließend kommt der schwierigste Gang: das Polieren in der Trommel mit Trommelholz und Politurpaste. Dabei wirklich hochglänzend polierte Bernsteine als Endprodukt zu erhalten ist nicht ganz einfach.

Trommelholz wird zum Polieren benötigt.

Weitere Informationen
(Museen, Internetseiten, Messen, Literatur)

Was tun an der Küste, wenn kein Strandwetter ist oder es sogar regnet? Da bietet sich der Besuch von Ausstellungen und Museen an! Die folgende Auflistung erhebt nicht den Anspruch auf Vollständigkeit. Es sind nur einige wenige Museen aufgeführt, die in Küstennähe Bernstein aufzuweisen haben. Schlechtes Wetter kann man auch zum Surfen im Internet nutzen, es gibt viele interessante Seiten zum Thema Bernstein.

Bernsteinmuseum in St. Peter-Ording

Bernsteinmuseen

Deutsches Bernsteinmuseum (Ribnitz-Damgarten)
1000 m² Ausstellungsfläche und 1600 Exponate machen das Deutsche Bernsteinmuseum zu einer der ersten Adressen in Europa, wenn man sich über Bernstein informieren möchte. Das denkmalgerecht sanierte Kloster bietet dazu eine hervorragende Kulisse. Angeschlossen an das Museum befinden sich weiterhin eine Schauwerkstatt, ein Museumsshop und ein gemütliches Café. Übrigens: Wer seinen eigenen Bernstein bearbeiten möchte, kann das in der Schauwerkstatt gerne tun.

Natur-Schatzkammer & Paradiesgarten, Edelstein- und Bernsteinzentrum, Pilzmuseum (Neuheide/Ribnitz-Damgarten)
Für alle Naturliebhaber eine einzigartige Zusammenstellung, die eine ungewöhnliche Fülle an Exponaten zeigt: 250 naturgerecht präparierte Pilze, 13000 Muscheln und Schnecken, einmalig präparierte einheimische Tiere, Bernsteine und Bernsteineinschlüsse, Edelsteine, Mineralien und vieles mehr gibt es hier zu bewundern.

Nordseebernsteinmuseum St. Peter-Ording
Im St. Peter-Ordinger Nordseebernsteinmuseum wird in beeindruckender, teils überraschender Weise über das „Gold des Nordens" informiert. Die ausgestellten Exponate sind in über 50 Jahren zusammengetragen worden. Sie berichten im naturgeschichtlichen Teil des Museums von der Entstehung im Bernsteinwald bis zur heutigen Verbreitung in ganz Nordmitteleuropa. Der kulturhistorische Teil umfasst die Geschichte der Bernsteinbearbeitung an ausgewählten Exponaten von der Steinzeit bis zur heutigen Zeit.

Bernsteinmuseum Oksbøl (Dänemark)
Eines der besten Museen in Europa zum Thema Bernstein befindet sich ca. 20 km nordwestlich von Esbjerg in Oksbøl. Dieses Bernsteinmuseum lässt die Besucher nicht nur interessante Einblicke in die Kulturgeschichte, die Schmuckherstellung und das Kunstgewerbe gewinnen, sondern auch Wissenswertes über die Entstehung von Bernstein und die Einschlüsse von Insekten oder Pflanzenteilen erfahren. Darüber hinaus kann man sich verschiedene Bernsteintypen aus der ganzen Welt ansehen. Sehen Sie Bernsteinschmuck aus dem Steinzeitalter bis in die Gegenwart.

Bernsteinmuseum im Dohnaturm, Kaliningrad
Das Bernsteinmuseum beherbergt, was zwar der Name, aber nicht das Gebäude vermuten lässt: Bernstein – und zwar kunstvoll verarbeitet in allen Farben, Größen und Schattierungen sowie Rohbernstein mit seltenen Einschlüssen. Besucher erfahren außerdem, wie die Bildung von Bernstein aus dem Harz von Nadelbäumen vor 35 Millionen Jahren vonstattenging.

Bernsteinmuseum Palanga (Litauen)
Das weltbekannte und größte Bernsteinmuseum der Welt befindet sich im botanischen Park im ehemaligen Schloss des Grafen Felix Tiskevicius und wurde 1963 eröffnet. Um das Schloss herum zieht sich der über 100 ha große botanische Park, der vom französischen Gartenarchitekten Édouard François André entworfen wurde. Die erste kleine Bernsteinausstellung im heutigen Bernsteinmuseum in Palanga zählte gerade einmal 478 Ausstellungsstücke, die sich auf einer Fläche von 96 m^2 verteilten. In vier Jahrzehnten ist daraus ein modernes Museum und ein bedeutendes Zentrum für die Sammlung, Forschung und Verbreitung von Bernstein geworden. Das Bernsteinmuseum in Palanga verfügt heute über 29 000 Exponate, von denen etwa 4500 auf einer Fläche von 750 m^2 ausgestellt sind.

Internetseiten zum Thema Bernstein

www.arbeitskreis-bernstein.eu
www.ambertop.de
www.deutsches-bernsteinmuseum.de
www.nordschmuck.de
www.ravsiden.dk
www.amber-inclusions.dk
www.bernsteininkluse.de

Messen

Amberif in Danzig, im März
Mineralientage Fürth, Regionalmesse im März
Mineral Expo Luxemburg, im März
Mineralien- und Fossilienbörse Stuttgart, im April
Mineralienwelt in Idar-Oberstein, im Mai
Freiberger Mineralienbörse, im Juni
Mineralien- und Fossilienbörse Halle/Saale, im Juni
Ambermart in Danzig, im September
Mineralienmesse München, Ende Oktober
Westdeutsche Mineralientage Dortmund, im Oktober
Mineralienmesse Zürich, im November
Mineralienmesse Hamburg, Anfang Dezember

Literatur

Neuere Literatur:

GANZELEWSKI, M./SLOTTA, R.: Bernstein – Tränen der Götter. Dt. Bergbau-Museum: 1996.

GRIMALDI, D. A.: Amber. Window to the past. American Museum of Natural History: 1996.

GRÖHN, C.: Alles über Bernstein. Wachholtz: 2013.

KOBBERT, M. J.: Bernstein – Fenster in die Urzeit. Planet Poster Editions: 2005.

POINAR, G. O. JR.: Life in Amber. Stanford University Press: 1992.

WEITSCHAT, W./WICHARD, W.: Atlas der Pflanzen und Tiere im Baltischen Bernstein. Pfeil: 1998.

Weitere ausführliche Literaturhinweise in:

GRÖHN, C.: Bernstein suchen und sammeln. Wachholtz: 2013.

Glossar

Abtragungsküste
Das Wasser spült Sand von der Küste ab, die Küste schrumpft.

Anlandungsküste
Der mit der Wasserströmung mitgeführte Sand wird abgelagert, die Küste wächst.

ATP
Die chemische Verbindung Adenosintriphosphat ist der Energieträger für Lebewesen. Bei seiner Spaltung wird Energie freigesetzt, z. B. für Muskel- und Gehirntätigkeiten.

Autoklavieren
Der Autoklav ist ein Druckbehälter, in dem sowohl hoher Druck als auch eine hohe Temperatur erzeugt wird, vergleichbar mit einem Schnellkochtopf. Er dient zum Sterilisieren, für bestimmte chemische Reaktionen, zur Konservenherstellung, aber auch zur Behandlung von Bernstein.

Baltischer Bernstein
Benannt nach dem Ursprung des Bernsteins, dem Baltikum. Das Hauptvorkommen des Bernsteins liegt bei Jantarny in der Region Kaliningrad (das ehemalige Palmnicken bei Königsberg). Von dort aus wurde der Bernstein in die Ost- und Nordsee verfrachtet.

Bernsteinnest
Durch bestimmte Strömungsverhältnisse und Bodenbeschaffenheit werden Bernsteine z. B. in Mulden gehäuft abgelagert. Nach Überdeckung mit Sand bleiben die Bernsteinnester als sogenannte Linsen erhalten. Die Linse ist in der Mitte am dicksten und verjüngt sich zu den Seiten hin.

Buhne
Meist rechtwinklig zum Strandverlauf ins Meer gebaute Strömungs- und Wellenbrecher aus Holz oder Steinen.

Bodden
Durch Landzungen vom Meer abgetrenntes Gewässer hinter einer Küste, das aber noch Verbindung zum Meer haben kann. Der Salzgehalt ist geringer als im Meer.

Geschiebemergel
Das als Grundmoräne abgelagerte, zusammengepresste Geschiebe enthält Teilchen aller Größen, vom feinsten Staub über Sand bis hin zu großen Findlingen. Durch den großen

Druck des Gletschers kann es gesteinsartig geworden sein.

Horizont
Durch die Ablagerung (Sedimentation) von Teilchen, die von weiteren Ablagerungen überdeckt werden, entsteht eine Schichtfolge. Besonders hervorgehobene, meist andersfarbige Schichten bezeichnet man als Horizonte.

Konkav und konvex
Als Beispiel: Ein Teller hat eine nach innen gewölbte, konkave Seite, in die man etwas füllen kann, und auf der anderen Seite eine konvexe Wölbung nach außen.

Kopal-Stufe
Harz von harzenden Bäumen verfestigt sich im Laufe der Zeit, wenn es unter Luftabschluss gerät und dadurch nicht verwittert. Erst nach über einer Million Jahren ist es zu Bernstein geworden. Alle Verfestigungsstufen vom fossilen Harz bis hin zum Bernstein bezeichnet man als Kopal.

Lagerstätten
Wenn sich etwas ablagert, dann liegt es zunächst auf der ersten (primären) Lagerstätte. Wird das Material z.B. durch Wasser fortgeschwemmt und lagert sich erneut ab, liegt es auf der zweiten (sekundären) Lagerstätte; nach weiteren Umschichtungen dann auf tertiärer, quartärer Lagerstätte usw.

Linsen
Siehe Bernsteinnester. Solche Linsen können einige Meter im Durchmesser betragen und in der Mitte bis zu einem halben Meter dick sein.

Moräne
Gletscher transportieren abgeschürftes Material (das sogenannte Geschiebe) mit sich und lagern es als Grund-, End- oder Seitenmoräne ab.

Polymerisationsprozess
Kleinere chemische Verbindungen (sogenannte Monomere) können sich verketten und dadurch immer mehr vergrößern (ein sogenanntes wachsendes Polymer). Es entstehen widerstandsfähige Großmoleküle.

Priel
Ein Priel ist ein Wasserlauf im Watt, der meist geschlungen verläuft. Es gibt kleine Priele, durch die man hindurchwaten kann, und große, beschiffbare Priele.

Sediment
Wasser, vor allem strömendes, enthält Schwebeteilchen, die sich bei Beruhigung des Wassers absetzen, d. h. sedimentieren. Im Meer können im Laufe der Jahrmillionen kilometerdicke Sedimente entstehen.

Spülsaum
Das Meer wirft mit den Wellen leichtere Teilchen an Land, wie z. B. Algen, Holzreste, Federn, Bernstein. Anhand solch eines abgelagerten Saumes kann man nach Zurückweichen des Wassers nach Stürmen oder bei einsetzender Ebbe den vorherigen Höchststand des Wassers erkennen.

Sternhaare
Viele Pflanzen schützen sich durch sternförmige Haare vor Insektenfraß oder der Sonne. Die Eiche hat typisch geformte Sternhaare, die wir im Baltischen Bernstein finden können.

Tide
Die Tiden sind die Gezeiten, also die regelmäßigen Wasserbewegungen bei Ebbe und Flut.

Verlumung
Einschlüsse im Bernstein zeigen manchmal an ihrer Oberfläche eine weißliche Trübung (Verlumung), die oft nur einseitig oder stellenweise ist.

Wasserlanzenspülung
Durch ein langes Rohr, das in die Erde getrieben wird, fließt mit starkem Druck Wasser, das den leichten Bernstein aus der Tiefe aufschwimmen lässt.

West-Ost-Drift
Bedingt durch die Hauptwindrichtung fließt das Wasser an der Küste von Westen nach Osten.

Zeitalter, Erdzeitalter
Das „Leben" der Erde wird in verschiedene Zeitalter eingeteilt. So nennt man z. B. die Zeit der Kohlewälder Karbon, und das ist ca. 300 Millionen Jahre her. Die Blütezeit der Saurier war im Jura vor ca. 200 Millionen Jahren. Zu Beginn des Paläogens vor ca. 65 Millionen Jahren starben die Saurier aus, und die Blütezeit der Säuger begann. In der Mitte des Paläogens vor 40 bis 50 Millionen Jahren befindet sich das Eozän, die Zeit des Bernsteinwaldes. Vor ca. 23 Millionen Jahren begann das Neogen mit den beiden Zeitaltern Miozän und Pliozän. Nach dem Pliozän folgte das Quartär, das vor ca. 2,5 Millionen Jahren begann.

Über den Autor

Carsten Gröhn, Jahrgang 1949, studierte Biologie an der Universität Kiel und unterrichtete dieses Fach am Gymnasium Glinde. Er interessierte sich schon von Jugendzeit an für Fossilien und sammelte leidenschaftlich Geschiebefossilien in Schleswig-Holstein. Erst viel später entdeckte er sein Bernsteinhobby mit dem großen Schwerpunkt der Bernsteineinschlüsse (Tiere und Pflanzen im Bernstein). Er baute eine bemerkenswerte Sammlung auf, die sehr viele wissenschaftlich beschriebene Tiere enthält. Als Vorsitzender des Arbeitskreises Bernstein des Geologisch-Paläontologischen Instituts der Universität Hamburg betreut er über 200 Mitglieder aus aller Welt. Er ist Autor und Koautor verschiedener Bücher über Bernstein. Sein letztes Buch: *Alles über Bernstein*, ein Standardwerk für den Bernsteinliebhaber.